高價保養品OUT！

逆轉肌齡的荷荷芭油

ホホバオイルできれいになる！

監修／一般社團法人 日本油脂美容協會

完美的肌膚來自於荷荷芭油

你是否聽過「荷荷芭油」？
應該也有不少人知道，它早已經是一種護膚油了。
荷荷芭油是一種不容易氧化的油脂，
因此常作爲許多護膚商品及化妝品的基底油。
許多人在不知不覺中，早已經使用著荷荷芭油了呢！

荷荷芭油的主要成分是蠟脂，
我們的皮膚有20～30%是由蠟脂所構成。
女性過了20歲的高峰期之後，蠟脂的分泌量就會開始減少，
透過補充荷荷芭油，可以喚回初生嬰兒般的豐潤膚質。

「人類」與植物「荷荷芭」，
不同的物種卻擁有相同的身體組合成分，

實在是相當不可思議的連結呀！

也許正因爲如此，抹上荷荷芭油的瞬間，皮膚立刻就能吸收，
完全不會出現異樣感。

原本就是身體擁有的成分，因爲身體裡充足盈滿而感到喜悅，
荷荷芭油能夠爲我們帶來這樣的感覺——一種失而復得的安心感。

本書將介紹關於荷荷芭油誕生的背景，包括孕育荷荷芭的大自然、
與人類共生的歷史，以及研發出荷荷芭油的專家等等。

此外，也會提供大家如何更有效地
利用荷荷芭油的美容成分，
來進行護膚的方式及用法。

就請你親自體驗，塗抹荷荷芭油時的興奮與喜悅之情吧！

目次
Contents

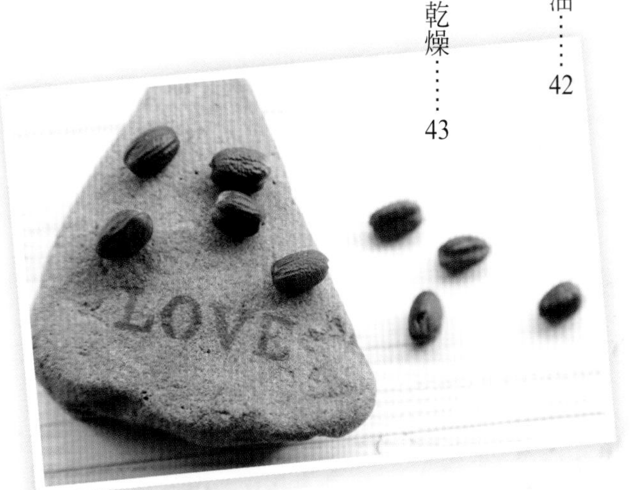
LOVE

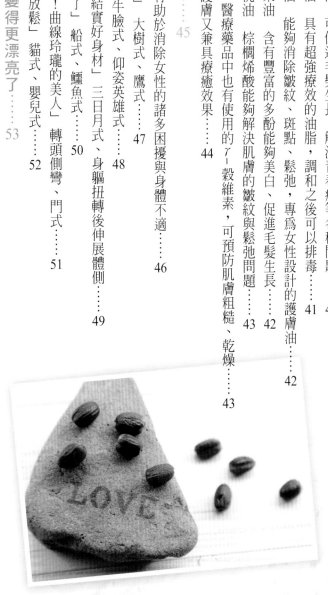

Special Message

美容研究專家．rms beauty創設人
羅絲．瑪莉昔福特

Profile

羅絲．瑪莉昔福特
Rose-Marie Swift
在時尚圈打滾20年以上的頂尖彩妝師，目前依然活躍中。幾年前身心開始出現不正常的變化，發現血液中含有高濃度的重金屬。恢復健康之後，強烈希望能夠幫助女性長久維持健康與美麗，於是創立了天然化妝品牌「rms beauty」。

頂尖彩妝師選擇荷荷芭油的理由

爲打造完美膚質基底而追求純天然的化妝品

透過長年擔任彩妝師的經驗，我很了解每天所使用的化妝品當中所含的化學成分的危險性。我知道某些化妝品的效果很好，有些則與期待有所落差，甚至明白有些化妝品所製造的魅力效果只是一時的。

在追求美的過程中，「健康」才是最重要的。我發現，不論年紀如何增長，能夠依舊呈現出美麗膚質的天然化妝品，才是女性所應該追求的。

我所創立的「rms beauty」是一個改變女性使用化妝品習慣的品牌。產品的成分相當簡單，而且堅持使用有機材料。除了不傷肌膚，所研發的商品時甚至還要能夠「滋養肌膚」。

化妝品中所使用的原料，絕大部分在精製或脫色、除臭、淨化、分離等漫長的製造過程中都得經過高溫加熱。令我驚訝的是，許多標榜天然的彩妝品也都採用這種原料。但是，高溫加熱的製作過程，會使對肌膚有效的天然成分也一起被去除掉了。

相較於其他的天然彩妝品，「rms beauty」採用的絕大部分是未經加熱的食用級有機原料。

盡量讓原料維持純淨狀態，可以使酵素、維他命、抗氧化成分保持原狀，進而發揮它們驚人的抗老效果。

與人類皮脂最相似的荷荷芭油

「rms beauty」產品的成分當中，使用的是荷荷芭油。理由十分簡單，因爲它是最類似人類皮脂成分的油脂，再也沒有比荷荷芭油更合適的油脂了。

「同樣是從荷荷芭種子中榨取的油脂，我們選用的是最高品質的荷荷芭油。」

荷荷芭油是由液態的蠟脂成分所構成，具有能夠迅速溶入皮脂中、不會產生氧化的問題，並且容易被皮膚吸收等特性。

所以我經常使用荷荷芭油，而且當然是只使用未經過高溫加熱處理、未精製的初榨純金黃色荷荷芭油。

我創立「rms beauty」的最大原因，是爲了能夠直接接觸大自然的恩惠。人類的皮膚與大自然的深刻關聯性超乎我們的想像。它絕對與化學成分無關，因爲化學成分是沒有生命力的。我們的皮膚與大自然，皆因爲生命力而彼此共鳴。

她的作品經常出現於《VOGUE》、《Happer's BAZAAR》等媒體上。作品包括米蘭達·可兒(Miranda Kerr's)、吉賽兒·邦臣(Gisele Bundchen)等人。

為了每天使用者的健康著想，避免受到有害的化學物質的傷害，於是開發了「rms beauty」系列產品

Nature

美國南部的索諾蘭沙漠
孕育著荷荷芭的大自然

誕生於荒蕪沙丘上的植物

從美國南部一路延伸至墨西哥的索諾蘭沙漠(Sonoran Desert)，因爲來自西側的潮濕空氣被太平洋岸的山脈攔截，於是形成了酷熱的沙漠。在5月乾季的尖峰時期，此地氣溫甚至超過了40度，濕度也在10％以下。這裡的高低溫差十分激烈，冬天還得承受寒流的侵襲，可以說是生物幾乎無法生存的「不毛沙丘」。在這座索諾蘭沙漠裡，伴著零星點綴的巨大仙人掌而生的一群綠色植物，便是荷荷芭。

地球上最早出現荷荷芭的地方就是這塊土地。在水、土及嚴酷氣候等自然條件下不斷生長、蔓延、無限繁殖。荷荷芭油採自荷荷芭的種子，其極高的營養成分，可以說是荷荷芭這種植物爲了保存種子的生存智慧及能量結晶。

America

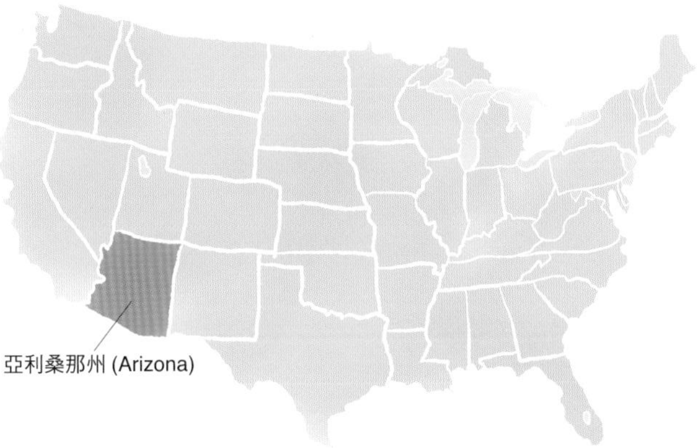

索諾蘭沙漠橫跨了美國的亞利桑那州、加州及墨西哥的索諾蘭州，面積大約是31萬1千平方公里。包括科羅拉多沙漠 (Colorado Desert) 與尤馬 (Yuma Desert) 沙漠，其大小可以塞進整個台灣。

泛著綠色光澤的荷荷芭樹葉，滋潤了索諾蘭沙漠荒涼的景色。荷荷芭田裡種植了好幾萬株的樹木。

History

美國原住民稱為「生命植物」的荷荷芭

全世界的荷荷芭始祖原生種茂密繁生於索諾蘭沙漠上。

在殘酷的環境下守護肌膚，保有茂密的黑髮

最先注意到荷荷芭強悍的生命力是住在索諾蘭沙漠的美國原住民。這些隨著大自然節奏生活的人們，感應到人類以外的動植物的力量，於是擷取其生命之源，並總是心懷感謝。

他們非常了解成長在嚴苛環境下的荷荷芭，所具有的保濕能力與營養成分，並將它視爲「祕藥」，經常使用。

生活在這個對人類來說十分嚴酷的沙漠裡，爲了生存，保護肌膚絕對有必要。藉著塗抹荷荷芭油，可以緩和紫外線的傷害及避免乾燥，讓肌膚保持美麗與光澤。

此外，美國原住民最重視的莫過於頭髮了。對男性來說，豐盈的頭髮表示身體強健，對女性來說則是美麗的表現。他們會在頭皮或頭髮

抹上荷荷芭油，讓黝黑的頭髮隨時展現青春年輕的丰采。據說，全世界所有民族中，最少出現頭髮稀疏問題的正是美國原住民。

生活與大自然合而爲一的他們所發現的荷荷芭被稱爲「生命植物」，是代代相傳的重要寶物。

Premium

奇蹟般的頂級荷荷芭 KEIKO種的誕生祕辛

由醫學博士研發出來的頂級荷荷芭

荷荷芭油得以廣泛運用於美容保養品，有位研究者功不可沒。

哈爾·帕塞爾(Dr. Hal Purcel)博士是以「人爲何會衰老」這種追根究底的主題，展開了抗老化研究的醫學博士。

曾經是眼科專家的帕塞爾博士，發現人類的眼角膜、皮膚、毛髮等人體表層都含有相同的成分——蠟脂。他發現，藉由補充會隨著年齡減少的蠟脂，可以成功達到抗老化的效果。

博士在自然界中不斷找尋含有蠟脂的有機物，最後終於發現唯有荷荷芭這種植物含有蠟脂。

在一九七〇年代後期，帕塞爾博士爲了讓荷荷芭能夠產出更高含量的蠟脂，開始著手進行品種改良。歷經25年的努力，終於誕生了

與KEIKO品種（右）相比較

從種子的大小即可明顯看出KEIKO品種的與眾不同。除了蠟脂，維他命E的含量也十分豐富，是專為美容保養所培育的頂級品種。

荷荷芭從幼苗到結果必須歷經5年以上。在嚴苛的生長條件下不斷失敗再重來，一直到成功研發出KEIKO品種，共花了25年的光陰。

上圖／哈爾．帕塞爾博士（左）除了荷荷芭油研究所之外，還成立了國際性的荷荷芭油農業工會，率先採取公平交易。目前，研究所已經由他的農學博士兒子（右）接棒。

「KEIKO種」。這是在1千5百種以上的荷荷芭當中，蠟脂含量最高的頂級品種。

因爲帕塞爾博士的研究，美容保養品及醫藥品開始採用荷荷芭油，我們也因此得以維持健康與美麗。

Produce

大自然的恩澤加上人類之手孕育而成的結晶

盡力萃取出最完整的天然營養成分

生長於沙漠的荷荷芭是相當耐酷暑的植物。不過，冬季的索諾蘭沙漠經常籠罩於嚴寒之中，一旦寒流來襲，花苞受凍，就有可能全數凋落。

荷荷芭油就是萃取自歷經酷暑與寒冬反覆折騰之後存活下來的荷荷芭種子。

採自廣大農田的種子以低溫壓榨(冷壓)的方式榨油，由於未經加熱，榨油必須花費較多的時間，不過這種方式能夠萃取出美肌效果更好的油脂。初榨的荷荷芭油含有豐富的蠟脂

黏貼裝釘處(請勿使用釘書針)

(請沿此虛線壓摺)

廣	告	回	信
台灣北區郵政管理局登記證			
北台字第12896號			
免	貼	郵	票

太雅出版社 編輯部收

台北郵政53-1291號信箱
電話：(02)2882-0755

(請沿此虛線壓摺)

太雅

黏貼裝訂處(請勿使用釘書針)

(請沿此虛線壓摺)

熟年優雅學院
Aging Gracefully

讀者回函

感謝您選擇了太雅出版社，陪伴您一起享受閱讀的樂趣。只要將以下資料填妥(星號＊者必填)，至最近的郵筒投遞，將可收到「熟年優雅學院」最新的出版和講座情報，以及晨星網路書店提供的勵志與養生類等電子報。你同樣可以利用QR Code線上填寫。

＊這次購買的書名是：＿＿＿＿＿＿＿＿＿＿＿＿＿＿＿＿＿＿＿＿

＊01 姓名：＿＿＿＿＿＿＿＿＿＿＿＿ 性別：□男 □女 生日：民國＿＿＿年

＊02 手機(或市話)：＿＿＿＿＿＿＿＿＿＿＿＿＿＿＿＿＿＿＿＿

＊03 E-Mail：＿＿＿＿＿＿＿＿＿＿＿＿＿＿＿＿＿＿＿＿

＊04 地址：□□□□□ ＿＿＿＿＿＿＿＿＿＿＿＿＿＿＿＿＿＿＿＿

05 閱讀心得與建議

＿＿＿＿＿＿＿＿＿＿＿＿＿＿＿＿＿＿＿＿＿＿＿＿＿＿＿＿

＿＿＿＿＿＿＿＿＿＿＿＿＿＿＿＿＿＿＿＿＿＿＿＿＿＿＿＿

＿＿＿＿＿＿＿＿＿＿＿＿＿＿＿＿＿＿＿＿＿＿＿＿＿＿＿＿

＿＿＿＿＿＿＿＿＿＿＿＿＿＿＿＿＿＿＿＿＿＿＿＿＿＿＿＿

填問卷，抽好書 (限台灣本島)

無論您用哪種方式填寫，單月分10號之前，我們會抽出10位幸運讀者，贈送一本書(所以請務必以正楷清楚填寫你的資料)，名單會公布在「熟年優雅學院」部落格。參加活動需寄回函正本(恕傳真無效)。活動時間為即日起～2018／12／30

以下3本贈書隨機挑選1本

線上讀者回函

填表日期：

＿＿＿年＿＿＿月＿＿＿日

與維他命E。榨好的油會直接進口，加以過濾讓油脂方便東方人的經皮吸收，接著再充填裝瓶。

用來製作化妝品的原料有時候會過度精製或施以脫色、除臭等加工，但若要製作頂級油脂，最好盡量保持它的天然成分。荷荷芭油中幾乎不含會引發過敏的植化素成分，盡量避免精製化，反而可以讓荷荷芭的裡面的β-胡蘿蔔素能夠保留下來。

剛剛從寬闊的荷荷芭田採收回來的種子，經過壓榨，成了金黃色的頂級油脂。萃取一瓶荷荷芭油大概要使用將近千粒的種子。

植物的油經過加熱的確能夠更快、更容易榨出油脂。之所以堅持採取冷壓法，是為了要完整保留荷荷芭油含有的維他命 E 等營養成分，讓它們全部被肌膚吸收。

Message

在肌膚抹上由太陽、風與大地滋養生成的金黃色液體

能夠收穫荷荷芭全要感謝大自然的恩賜

大自然的力量與漫長歲月，加上致力研究荷荷芭的學者，在這些條件的相輔相成下誕生的頂級油脂，可謂是奇蹟之油。

過去曾經發生過寬闊的田裡栽種的數十萬株荷荷芭樹，因為一次寒流的侵襲而全部枯死的情形。荷荷芭農夫們領教了大自然的力量，栽種荷荷芭時總是在心裡祈禱能夠順利收成。由此可知，並非每一年都能夠順利收割荷荷芭種子，因此也更應該對此抱持感恩的心。

人類自出生以後，蠟脂就充滿在皮膚、毛髮、眼角膜等等部位，從人體表面保護著我們。而植物荷荷芭中也可以萃取出這個成分，人類與植物之間的深刻關聯性實在太奇妙了，各位不妨讓肌膚親自感受一下。

塗抹的瞬間立刻滲入皮膚中，完全沒有異物感，反而有一種肌膚被喚醒的感覺。這種透過植物的力量達到眞正抗老化的實際效果，希望大家都能來體驗看看。

Part 1

荷荷芭油的
基礎入門

打造美肌與秀髮的泉源

身體的基本單位是細胞 細胞膜是由油脂所構成

構成我們身體的基本單位是「細胞」。人體是由大約60～1百兆個細胞所組成。

在我們的身體內，每一天這些細胞當中的20%，也就是大約15兆個細胞會死去，並產生新的細胞。透過1秒之內約5千萬個細胞的重生，來維持生命的運作。

每一個細胞的外側都有細胞膜保護。細胞膜的主要成分是稱爲磷脂質的油脂。穿插於磷脂質之間的是一種稱爲膽固醇的油脂，它能夠使細胞膜柔軟而強韌。若是油脂不足，病毒或細菌就容易入侵，抑或是使得血管壁變薄、進而引起腦出血。

由油脂構成的細胞膜具有非常重要的功能：

①屏障機能

具有防護牆的功能，保護細胞內的構造不受外在環境的傷害。

②感應環境

細胞膜表面能夠直接探觸外在環境，精準掌握各種變化。

③分辨敵我

細胞膜上的抗原（蛋白質）能夠分辨異物並啓動免疫反應。

其他還有決定細胞形狀、輸送養分等等功用。

能夠製造維持生命並具備重要功能的細胞膜油脂，也是人體各器官的基本單位。例如，腦部的組合成分中，有大約60%也是由油脂——膽固醇、磷脂質及二十二碳六烯酸（DHA）所組成。

此外，心臟與血管也必須依靠油脂來維持柔軟與彈性，讓血液得以順暢地在體內流通。

至於與男女的性別分化，或是與生殖機能息息相關的性荷爾蒙，也和油脂關係密切。

而對於女性美具有決定性關鍵的肌膚及頭髮，同樣是由油脂所構成，守護我們不受外在環境的傷害。

使肌膚與頭髮保持美麗

皮脂腺的油脂保持平衡 強健肌膚與髮質的關鍵

我們的身體外表由皮膚包覆。以成人來說，無縫包覆人體表面的皮膚，面積大概有1.6平方公尺，用以維護我們的臟器、血管以及體內的各個重要器官免於外來壓力的侵害。

皮膚大致上可以分成「表皮」、「眞皮」、「皮下組織」三層。表皮與眞皮的厚度約2公釐，最薄的部分在眼皮，大約是0.6公釐，可說是極薄且相當纖細的器官。

表皮從內而外又可分成「基底層」、「有棘層」、「顆粒層」及「角質層」。

製造最內側基底層的細胞，會在分裂的同時依序往上推，每一層也會因此產生變化。最外側的角質層在經過一段期間會停止變化，在表面形成體垢而剝落。

這一連串的變化過程稱爲「再生」。最理想的再生周期是28天，但會隨著年齡及外在壓力而變得紊亂。有時候細胞尚未成熟就被推擠到角質層，因此出現肌膚粗糙、乾燥等問題。

隨著年紀的增長，再生周期拉長，變成體垢理當脫落的老舊細胞一旦堆積，角質層會因此變厚。此時肌膚會失去透明感，出現鬆弛、皺紋等等狀況。

皮膚除了表皮、眞皮、皮下組織之外，還具有「毛髮」、「指甲」、「皮脂腺」、「汗腺」等皮膚的附屬器官。

從毛細孔內冒出來的「毛幹」，正是我們所熟悉的「毛」。毛髮往皮膚下方延伸的部分則稱爲「毛根」。毛根收藏在皮膚裡稱爲「毛囊」的器官內。毛囊銜接著皮脂腺，這裡所分泌的皮脂與汗水混合之後成爲皮脂膜，能夠保護並保濕肌膚與頭髮。

皮脂腺分泌的皮脂主要成分是蠟脂、三酸甘油脂、角鯊烯與膽固醇。讓這些油脂維持平衡，就能幫助我們的肌膚與頭髮保持美麗與強健。

正常肌膚的狀態（示意圖）

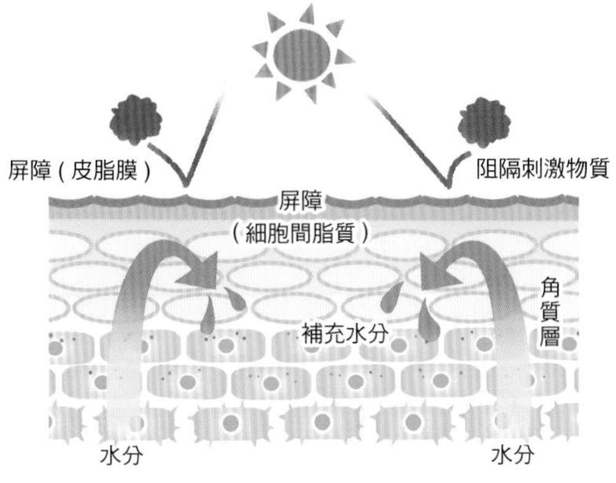

荷荷芭油的主要成分「蠟脂」的驚人效果

蠟脂的功能是保護屏障及維持養分

要特別強調的成分蠟脂，它是一種由高級脂肪酸及一級醇結合而成的化合物，可以從肌膚、頭髮、指甲、眼角膜等等人體的最外側發揮保護與屏障的作用。

就皮膚的保護屏障功能來說，最重要的就是皮脂膜。皮脂的分泌會受到荷爾蒙影響（圖表①）。皮脂膜內含有約20～30%的蠟脂，比例僅次於含量最多的三酸甘油脂。

此外，蠟脂能夠在保護身體抵抗外來壓力的同時，保留並維持人體必需的水分與養分。

蠟脂在油脂中屬於「蠟」類。一般來說，蠟的溶點在60℃以上，常溫時爲固體。不過，人類皮脂膜裡的蠟脂在常溫下是呈現液態，因此即便是在皮膚表面，也不會阻塞皮脂腺等外分泌腺，而能充分發揮屏障保護的功能。

人體的蠟脂所結合的脂肪酸也有特長，比起三酸甘油脂，它所含的不飽和脂肪酸的比例更高。此外，它還具有許多其他組織或臟器內所缺乏的脂肪酸。

例如單元不飽和脂肪酸（ω10）「Sapienic acid」。這是所有長有毛髮的動物中，唯獨人類特有的脂肪酸，其名稱也是從「Homo sapiens」[譯注]而來。這種脂肪酸的功能目前尚未被了解。除此之外，蠟脂中的脂質成分與其他組織中被發現的脂質成分具有相當大的差異性，而這也正是一般認爲它「能夠保護人體」的原因。

譯注：人類的學名。

圖表①皮脂的生成率

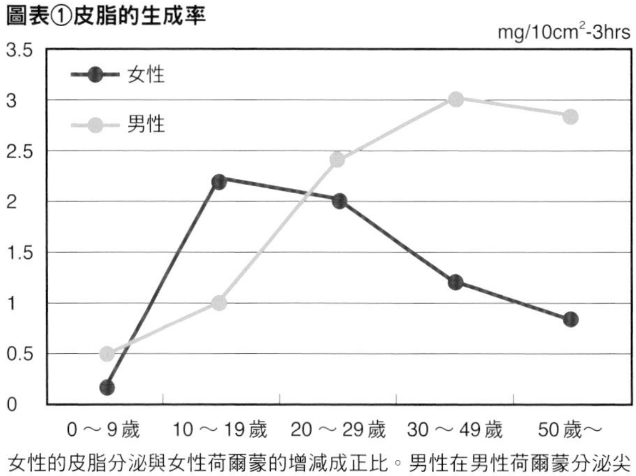

女性的皮脂分泌與女性荷爾蒙的增減成正比。男性在男性荷爾蒙分泌尖峰期的20歲之後，皮脂的分泌還是會繼續增加。

唯一含有蠟脂成分的荷荷芭油

植物當中，唯一含有蠟脂成分的就只有荷荷芭油，沒有其他的替代品。

荷荷芭油以外的植物油主要成分是三酸甘油脂，其最大的風險是「氧化」。即便是橄欖油、阿甘油(Argane oil)等高品質的油脂，開封的瞬間就會開始氧化。

荷荷芭油的主要成分——蠟脂，其最大的特色就是「不會氧化」。根據臨床實驗，證實它即使在370℃的環境中放置96小時(4天)也不會氧化。這是荷荷芭油的罕見特長，作爲美容保養油具有相當高的評價。

圖表②蠟脂的生成率

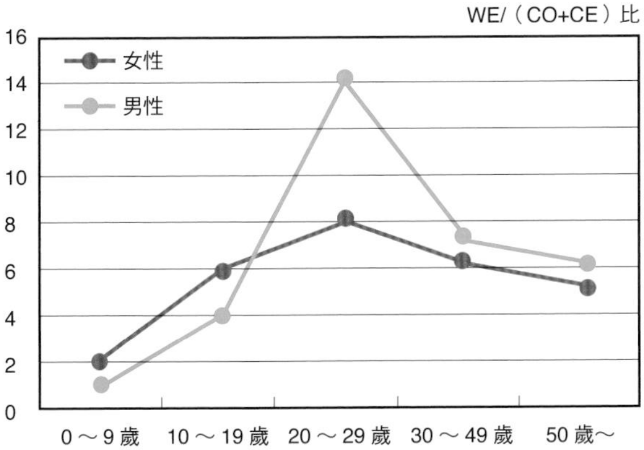

人類出生之後，體內具有的蠟脂量與成人相同。

蠟脂是人類皮膚、毛髮等組織中的成分之一。所有人類在出生之後，體內就含有豐富的蠟脂，以保護人體抵抗外在的刺激。

不過，不論男女，過了20歲的蠟脂尖峰期之後，其分泌量會開始減少(圖表②)。因此，爲了保護人體免於外在環境的傷害、維持水分與養分，使皮膚與毛髮美麗強健，就必須另外補充蠟脂。

除了蠟脂，荷荷芭油還含有其他豐富的營養成分，像是屬於植化素之一的β-胡蘿蔔素，可以在體內轉化成維他命A。荷荷芭油耀眼的金黃色澤，正是因爲含有β-胡蘿蔔素的緣故。

在脂溶性維他命方面，則有維他命A及維他命E。尤其是維他命E的α-生育酚，能夠提高皮膚的生理活性，塗在肌膚上可使脆弱的細胞恢復元氣。

荷荷芭油的美容成分

①蠟脂 留住水分，維持平衡

蠟脂是人類皮膚原本就含有的油脂成分，它可以緊抓住水分、膠原蛋白、玻尿酸等等美肌成分，讓它們長時間停留在皮膚最外側的屏障層。多虧了蠟脂，我們才能擁有光澤且富有彈性、飽滿水潤彷彿初生嬰兒般的肌膚，以及豐盈、濃密、閃閃動人的美麗秀髮。

利用含有相同成分的荷荷芭油，補充隨著年紀增加而逐漸減少的蠟脂，可以讓肌膚及頭髮繼續維持美麗與健康。

此外，由於人類的皮脂內天生就具有蠟脂，將它抹在皮膚上，可以促使表面的皮脂分泌，進而調整皮脂保持平衡。不論是皮脂不足引起的肌膚乾燥，或因皮脂過剩造成的油性肌膚，兩者都能獲得改善。油性肌膚的人還能解決發炎與青春痘的問題。

②β-胡蘿蔔素 抗氧化作用傲視群倫

荷荷芭是個無法離開固定生長地點的植物，體內具備了防禦系統以便對抗嚴苛的環境，這個防禦系統就是稱爲第六營養素的植化素(phytochemical)。

荷荷芭油內所含的植化素爲β-胡蘿蔔素，攝入體內之後會轉變成維他命A。維他命A的特色是具有極高的抗氧化能力，能夠預防因活性氧與自由基造成的老化，同時也有抗癌的效果。

此外，維他命A也能提高皮膚的新陳代謝，一旦不足，有可能出現皮膚乾燥或油性肌膚的情況。荷荷芭油內的β-胡蘿蔔素可以轉換成維他命A，能夠更有效率地促進皮膚的新陳代謝。透過β-胡蘿蔔素來調整皮脂維持平衡，可以讓我們擁有逆齡的美麗肌膚與頭髮。

③α-生育酚 極佳的生理活性作用

植物油脂內含有讓人體維持健康與美麗不可或缺的微量營養成分，其中之一就是脂溶性維他命。

荷荷芭油裡的脂溶性維他命有維他命A（β-胡蘿蔔素）、維他命E以及維他命D。特別是維他命E，當中含有α、β、γ、δ等複合生育酚，而具備生理活性作用的α-生育酚含量尤其豐富。α-生育酚即使只有少量，它的生理活性作用也足以影響身體機能，調整身體維持平衡，保持健康。

能夠提高新陳代謝的維他命A（β-胡蘿蔔素）、具備屏障保護作用的維他命D、以及抗氧化能力極強的維他命E，荷荷芭油中含有這些營養成分，因此當然能夠讓肌膚與頭髮隨時保持在年輕的狀態，散發健康與美麗的光華。

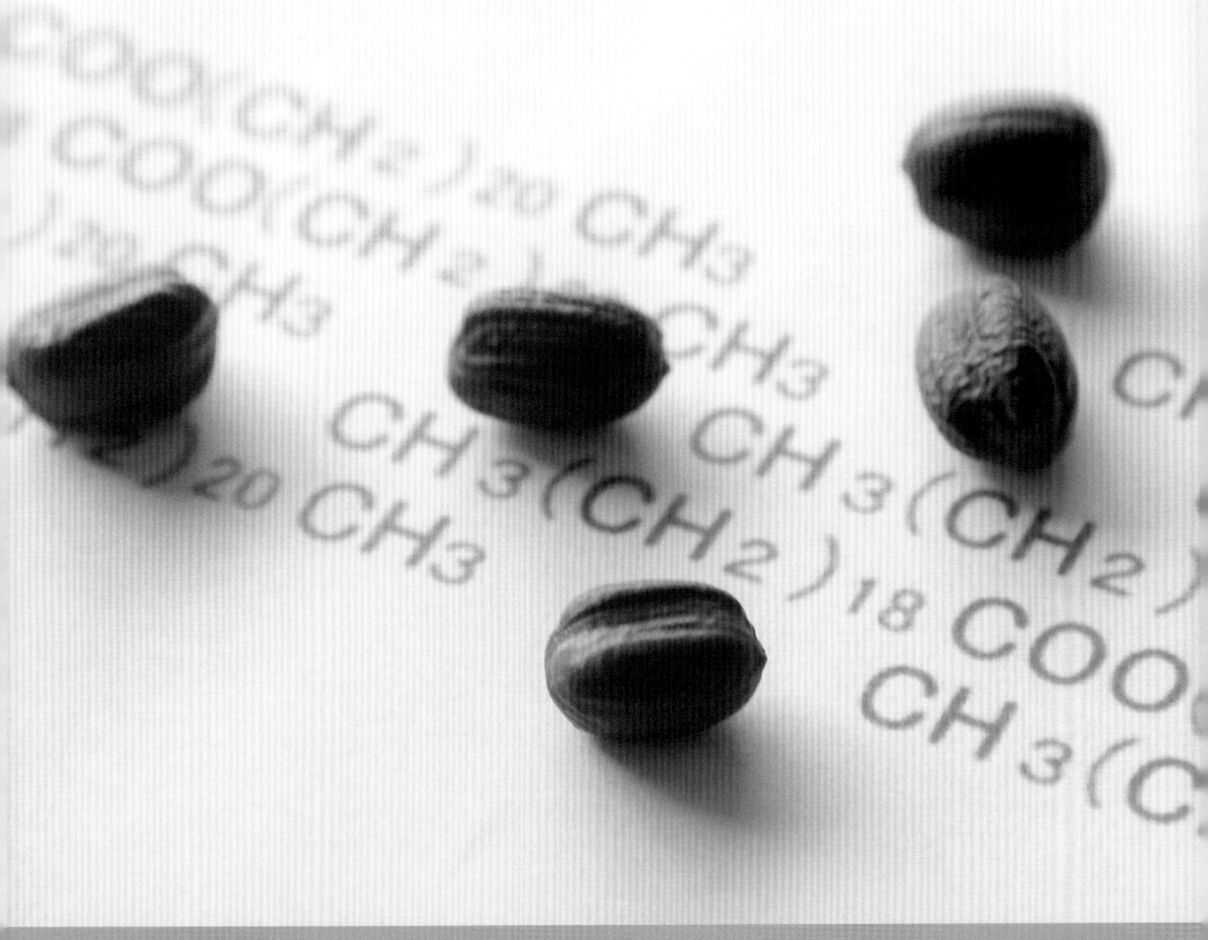

以荷荷芭油打造理想肌膚

什麼是結合五大要素的理想肌膚？

我們認爲，最理想的肌膚，應該是幾個條件能夠取得均衡。換句話說，同時具備彈性、光澤、肌理、水潤、柔嫩這五大要素的肌膚，才是最完美。

雷達圖

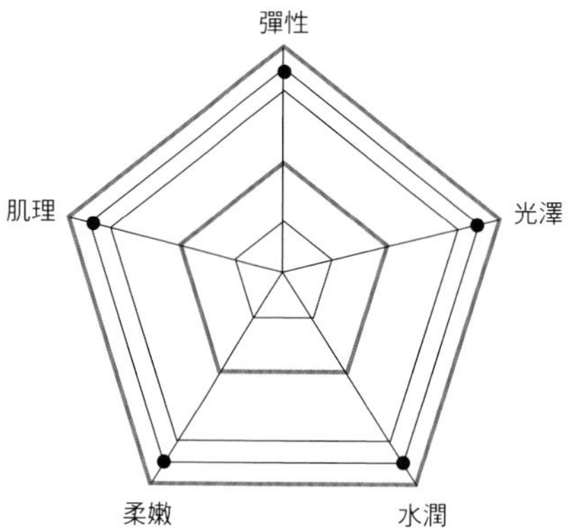

每個人都曾經擁有初生嬰兒般的肌膚，而荷荷芭油將能讓我們重拾這種完美的膚質。

●彈性

肌膚中的蠟脂會隨著年紀增長而減少。塗上荷荷芭油之後，蠟脂會滲透到皮膚的角質層。根據美國研究機構的臨床實驗結果，只要短短的1小時，皮膚的彈性就能提升40%。

僅僅1小時的拉提效果！

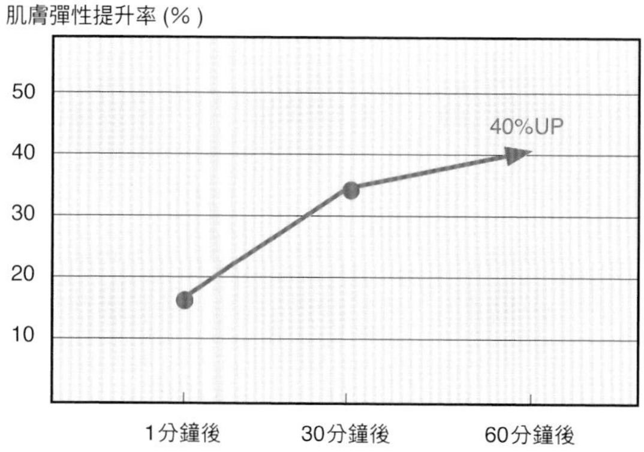

※ 根據美國研究機構「Institute For Applied pharmaceutical Research」的臨床實驗結果

●光澤

年紀慢慢變大，肌膚就會逐漸失去透明感。皮膚再生的節奏被打亂了，長久下去，原本應該變成體垢剝落的老舊細胞不斷堆積，角質層變得既硬又厚，肌膚當然也就失去了透明感。

荷荷芭油具有軟化肌膚的效果，可以幫助皮膚的再生恢復正常，讓肌膚重拾彷彿嬰兒般的透明與白皙。

●肌理

年紀增長之後，油性肌膚的人最常出現的困擾就是「毛孔粗大」。這是因爲分泌過剩的皮脂加上皮膚鬆弛的關係，使得毛孔變成了淚滴狀的凹陷。

荷荷芭油能夠調整皮脂維持平衡，避免毛孔的皮脂分泌過剩。

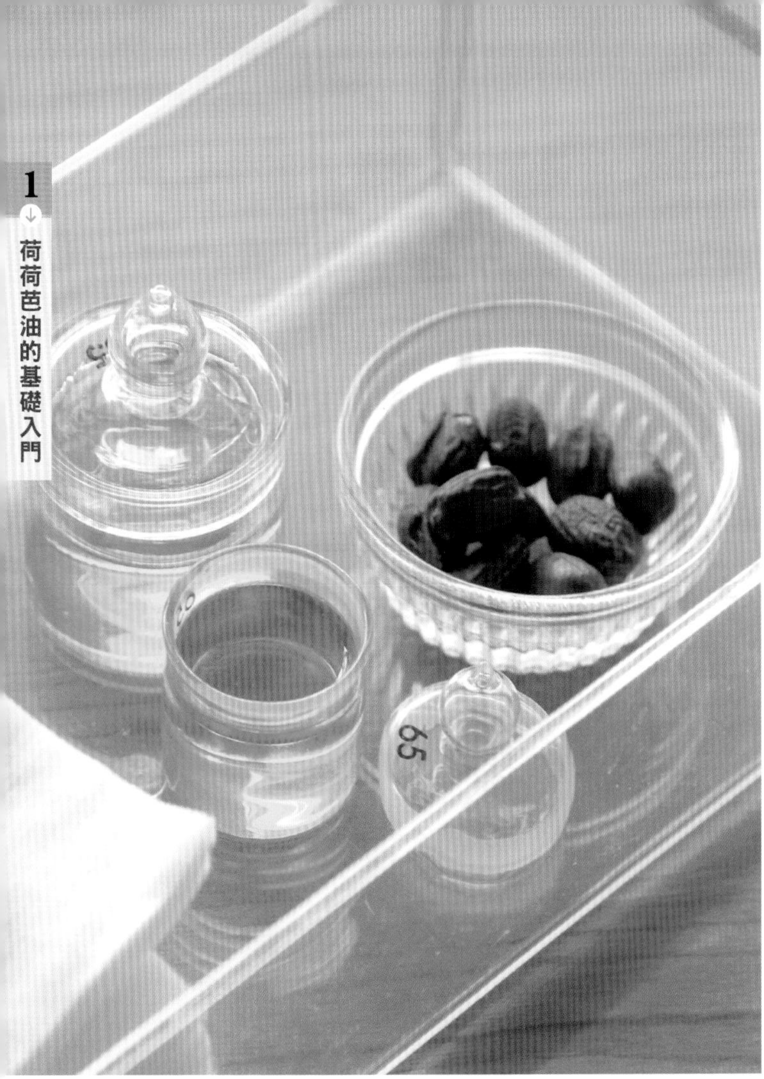

至於黑頭粉刺，則是因爲毛孔裡被推擠出來的皮脂氧化所造成。

調整皮脂的平衡度，有助於肌膚重拾往日的完美肌理。

●水潤

荷荷芭油含有大量與覆蓋表皮的角質相同成分的蠟脂，能夠避免水分從表皮蒸發。將它塗抹在乾燥的肌膚上，可以喚醒肌膚留住水分的能力，使肌膚保持水潤的狀態。

根據美國研究機構的臨床實驗報告，塗上荷荷芭油之後8小時，皺紋將可減少50%。

經過 8 小時，皺紋逐漸減少了一半

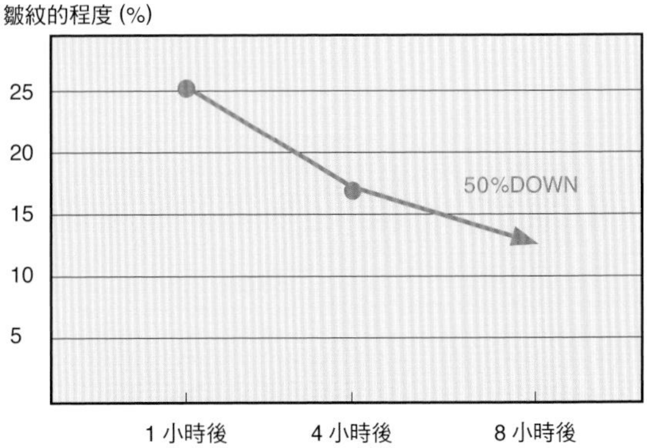

※ 根據美國研究機構「Institute For Applied pharmaceutical Research」的臨床實驗結果

●柔嫩

肌膚的再生恢復正常，重拾往日的肌理與彈性，肌膚內層也充滿了水潤感，膚質理所當然也會變得跟嬰兒一樣柔柔嫩嫩。

具備了以上5個要素，便是最理想的肌膚。每天保養時別忘了使用荷荷芭油，讓它爲你打造出最完美的膚質。

因為是荷荷芭油，才能深入到頭髮的最裡層

其他油脂無法滲入的深層損傷也能修復

理想的頭髮應該具備彈性、濃密與光澤這3個條件。

頭髮的基底層是頭皮。頭皮是覆蓋頭部的皮膚，頭髮就是從當中的毛孔生長出來的，因此必須以保養肌膚的方式來照顧頭皮。

頭皮除了頭髮之外，也與拉提等臉部美容的關係密切。與臉部保養相同，在頭皮塗抹荷荷芭油並加以按摩，可以促進頭皮的新陳代謝，讓頭皮變得更強健，髮質當然也會變得更健康。

頭髮就和壽司卷一樣，由內而外總共有3層構造——中央的「髓質層」、中間的「皮質層」與最外側的「表皮層」。

髓質層的功能是讓頭髮維持水潤有彈性。皮質層含有麥拉寧色素，頭髮的顏色與性質全由這一層的狀態決定。燙髮藥劑也是作用在此處。不同於其他油脂，蠟脂能夠浸透到這裡，修補受損的部位。

外側的表皮層能夠讓頭髮散發獨特的閃亮光澤。不斷重複染髮或燙髮會加重表皮層的損傷，頭髮也會變得越來越細。

在頭髮抹上荷荷芭油並加以按摩，可以使蠟脂從表皮層深入到皮質層，幫助秀髮恢復原有的彈性、濃密與光澤。

Part 2

重拾青春、美麗再現！
正確使用
荷荷芭油的方法

各種膚質使用荷荷芭油的方法

不僅注入美容成分，還能幫助皮脂膜恢復正常

女性過了35歲之後，皮膚會開始出現變化。皮脂分泌量減少引起的肌膚乾燥、皮脂分泌不平衡造成的油性肌膚等等各種問題，也陸續浮上檯面。

市面上有不少各種膚質分別適用的護膚方法，但若是利用荷荷芭油護膚，不論哪種膚質問題，只要使用荷荷芭油，都能夠獲得改善。

經由皮膚吸收可以改變膚質的美容液或營養成分，無法從根源改善問題。畢竟皮膚屬於排泄器官，並不擅長從外部吸收營養成分。人體有一層由水分與油分所構成的天然乳液——皮脂膜，保護著皮膚。由於皮脂會隨著年紀增長而減少，這時候就可以利用荷荷芭油來補充不足的部分。

此外，皮脂分泌失衡造成的油性皮膚，補充蠟脂使皮脂恢復平衡之後，就不會再分泌多餘的皮脂了。

乾燥肌膚的人

過了20歲之後，女性的皮脂分泌量開始下滑，肌膚也變得容易乾燥。一到季節轉換或生理期前，感到「肌膚似乎有點乾燥」的時候，不妨補充比平常稍微多一點分量的荷荷芭油吧！妝容之所以不持久，有可能是因為皮脂膜的水分及油分不足的關係，使得粉底中的粉質浮起。這時若是再補妝疊上一層粉底，粉還是會繼續浮起。此時不妨取1、2滴荷荷芭油，以指尖輕拍在底妝上，妝容很快就會恢復成早上剛化好妝的模樣。

35歲之後的女性，請一定要養成「肌膚乾燥就塗抹荷荷芭油」的好習慣。

油性肌膚的人

在肌膚塗抹油脂，油性肌膚的人也許會感到抗拒。不過，皮脂過剩其實是因為皮脂分泌失調的緣故。三酸甘油脂過多，經常出現於皮脂膜上的細菌會大量繁殖，引起青春痘或粉刺。此時最重要的是補充隨著年紀減少的蠟脂，讓皮脂保持平衡。如此一來，你會發現皮脂的分泌竟然停止了。經常洗臉，適度補充水分，最後再利用荷荷芭油調整平衡。只要採取這個基本的保養方式，就能讓肌膚恢復成彈性、光澤、肌理、水潤、柔軟的理想肌膚。

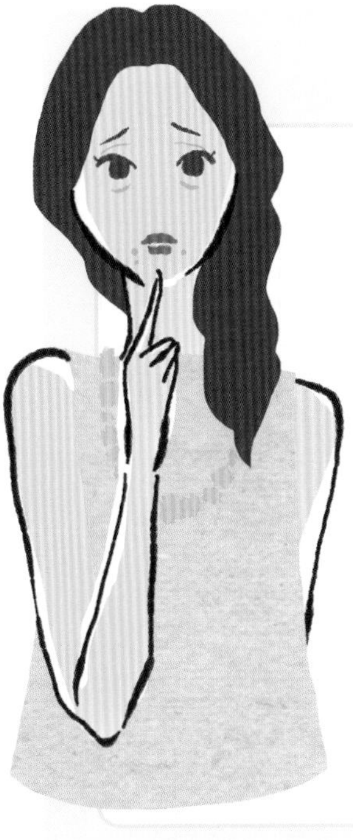

敏感性肌膚的人

有不少人每到季節變換的時候，皮膚就容易出現狀況。冬天時，為了避免皮膚乾燥，變得又厚又硬的肌膚，皮脂分泌量會減少。一到春天，又得開始煩惱粉刺及皮膚搔癢等問題。夏季時節，皮膚會慢慢變得既硬又厚，以避免紫外線的傷害。由於人體會流汗，不會特別覺得乾燥，一進入秋天才會突然感到皮膚乾乾的。不論哪種情況，都必須透過補充蠟脂的方式，幫助皮膚的再生恢復正常。在肌膚塗抹比平常稍多分量的荷荷芭油，為表皮的皮脂膜、角質層進行保濕工作。不必特別使用換季的保養品，只要調節荷荷芭油的用量，就可有效改善肌膚問題。

家庭保養用油的理想選擇

嬰兒與男性也適用日常生活中的荷荷芭油

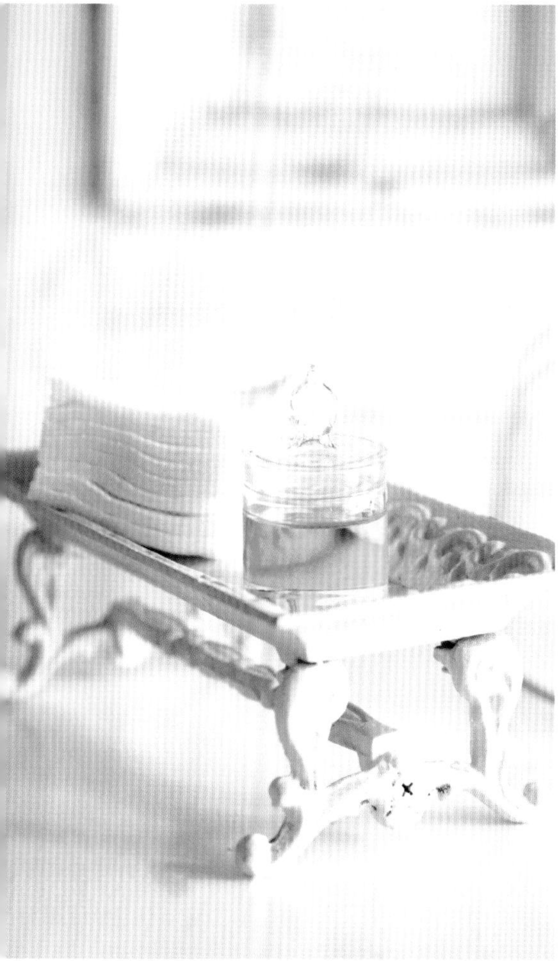

近年來，日本人已經相當習慣油脂美容，不少女性都會選擇以油脂來進行護膚保養。

荷荷芭油不但可以解決女性的困擾，在消除男性的肌膚問題上，也能發揮極大的功效。例如掉髮、老人味等等，都是男性最常遇到的皮脂問題。由於男性荷爾蒙的影響，皮脂的分泌量會隨著年紀增加，但蠟脂的分泌卻會因爲年紀增長而減少，皮脂也就因此失衡。利用主要成分爲蠟脂的荷荷芭油進行護膚，便可以改善老人味、掉髮等問題。

此外，刮鬍子時皮膚容易刮傷的男性，不妨試試塗上荷荷芭油再刮。裡面的蠟脂成分能夠強化皮膜，降低皮膚受傷的風險，只要在刮完鬍子之後以水沖掉就行了，也不需要另外再進行保濕。

剛出生的嬰兒，皮膚就有與生俱來的蠟脂保護。一年之後，從母親身上獲得的蠟脂消耗殆盡，分量急遽下降，只能靠自己來製造蠟脂。近年來，似乎有越來越多的嬰兒因爲無法自行製造蠟脂，以至於引發過敏。在蠟脂分泌量減少的時期，不妨塗抹荷荷芭油並加以按摩，引導身體製造蠟脂吧！對付嬰兒的尿布疹也很有效。

此外，過敏性皮膚炎、背部的青春痘等等，只要在浴缸裡加荷荷芭油，就可以獲得改善。

荷荷芭油與掌心美容

手掌的溫度有助於油脂的吸收

荷荷芭油的美容保養方式相當簡單。只要天天使用荷荷芭油保養肌膚就行了，完全不需要額外的程序或工具，最適合忙碌的現代女性。

進行保養時，希望各位特別注意的是「善用雙手」。

冬天時由於肌膚表皮的溫度相當低，不利於皮脂膜與角質層吸收蠟脂。要替荷荷芭油加溫，手的熱度最剛好。

如果是畏寒症狀，可以先將雙手手掌搓熱，滴幾滴荷荷芭油於掌心輕輕揉開，均勻地抹在皮膚上。護膚的訣竅是塗抹時要輕壓。在皮膚抹上荷荷芭油之後，輕輕按壓幾秒。

下一頁開始要介紹利用荷荷芭油進行的護膚方法。記得每天早晚保養肌膚時，都要使用手掌輕壓導引。當肌膚感到疲勞，則可採取具有拉提效果的輕壓導引法。在泡澡時順便進行油脂敷臉，可以有效解決皮膚暗沉或毛孔的黑頭粉刺等困擾。

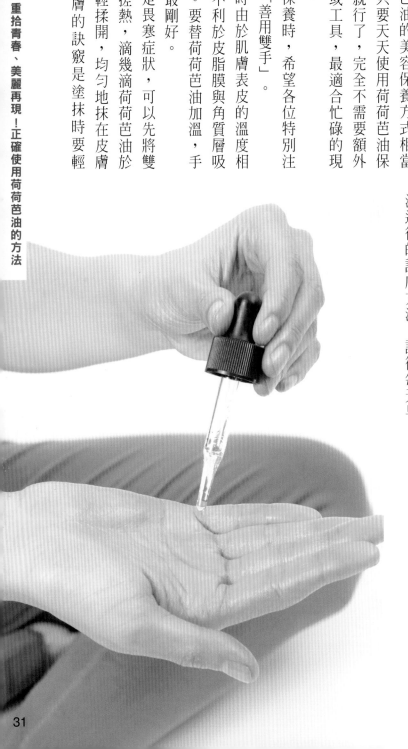

以手輕柔而確實地輕壓肌膚

即便是去護膚沙龍，以昂貴的美容液護膚，好像也沒什麼效果……。這是因爲肌膚的屏障功能失效的關係，導致肌膚無法留住美容成分與水分。在皮膚抹上含有大量蠟脂的荷荷芭油，並以手掌輕壓，可以提升肌膚的屏障機能，重拾水嫩的肌膚。

1

早上洗完臉之後擦乾水分，在手上按壓一下荷荷芭油，均勻塗抹於全臉。晚上卸妝洗臉後，同樣在臉上均勻抹上荷荷芭油。

2

在皮膚均勻塗抹過荷荷芭油之後，利用整個手掌輕柔按壓臉頰、下巴、額頭、頸部等部位。按壓時要特別注意以由下往上推的方式按摩。

3

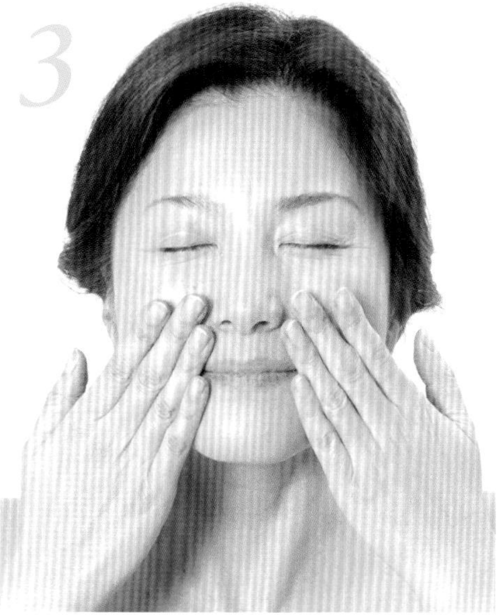

魚尾紋、法令紋等出現皺紋的部位，可以指尖輕輕推抹皺紋，讓荷荷芭油滲透到肌膚底層。

利用拉提方式對抗老化

1

按壓一下荷荷芭油，均勻塗抹於全臉。以手扶住單邊下巴讓臉固定不動，另一手的拇指與食指以夾住另一側下巴骨的方式，往上按摩至耳下處。兩側下巴各自按摩3次。

2

以手扶住單邊下巴讓臉固定不動，另一手以四指從臉頰往眼頭方向朝上推壓。接著再從眼頭沿著眼睛下緣往眼尾處向上推，維持上推姿勢停留3秒鐘。兩頰各自按摩3次。

3

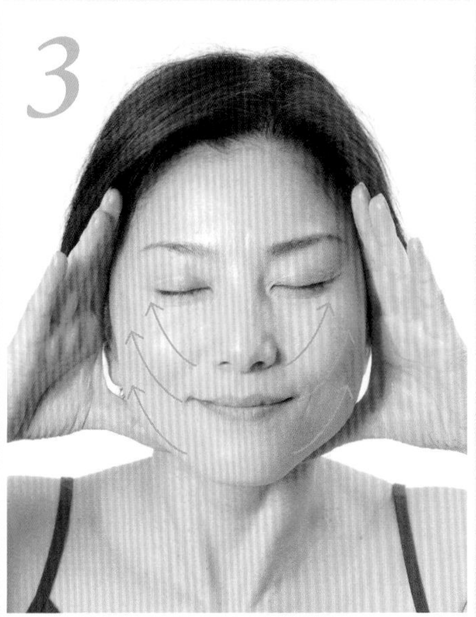

雙手食指置於眼頭處，從這裡沿著鼻梁、法令紋推壓。慢慢往上推壓的同時將手向上提，於眼尾處停留3秒鐘。兩邊各自按摩3次。

4

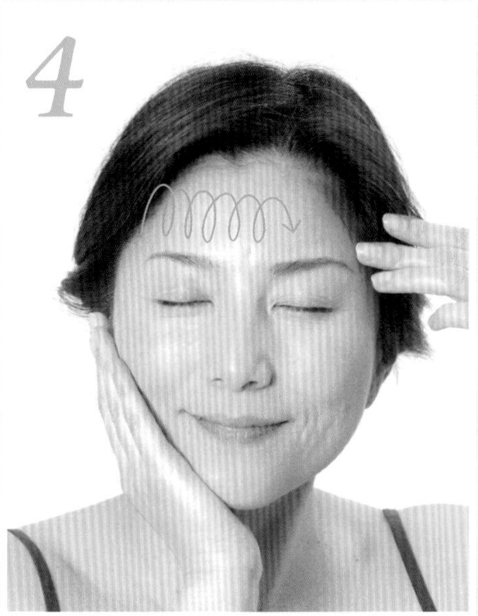

利用食指與中指指腹，以畫螺旋的方式從眼尾沿著額頭按摩到另一側的眼尾處。相同的按摩方式重複進行3次。

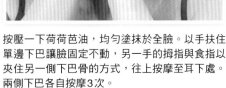

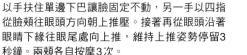

泡澡時順便做油脂敷臉

洗完臉之後，全臉均勻地塗上大量的荷荷芭油。

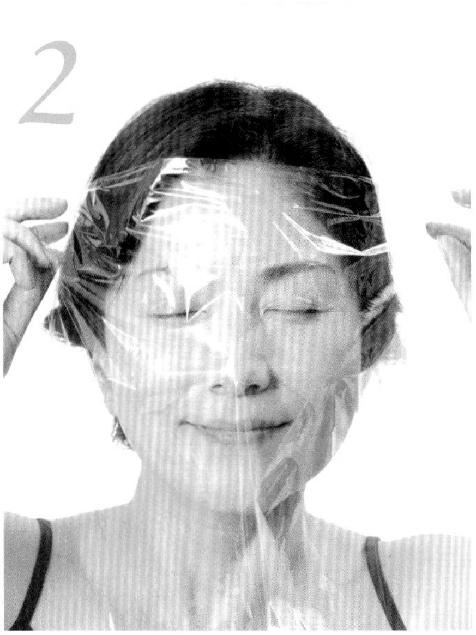

撕下大小剛好的保鮮膜，趁荷荷芭油還殘留於肌膚表面時壓黏於臉的上半部與下半部。鼻子的地方不要壓緊，保持可以呼吸的狀態。

事先準備好熱毛巾（蒸熱過），縱向對折成U字形後敷在臉上。U字底端對準下巴處，讓毛巾剛好可以貼合臉型。鼻子部分的保鮮膜先打洞，就這樣熱敷一陣子。

取下毛巾與保鮮膜。最後在肌膚上拍上化妝水即可。

打造緊致結實的胸口線條

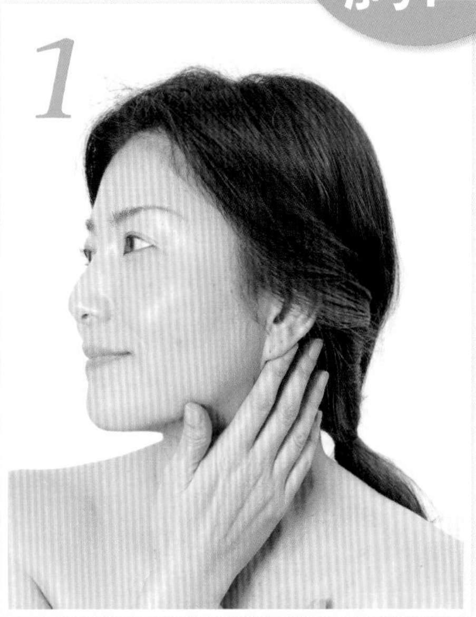

壓兩下荷荷芭油，從頸部往肩膀均勻地塗抹整個胸口。手放在對側的耳朵後方，沿著頸部由上往下疏通淋巴。另一邊的做法相同，各重複進行5次。

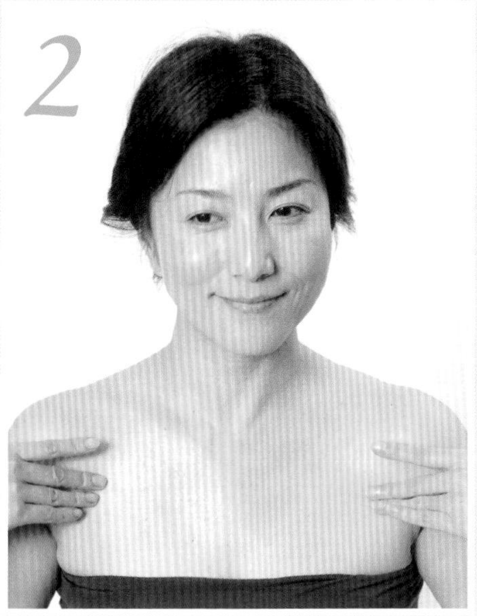

雙手的指尖放在鎖骨上方，以按揉的方式往鎖骨外側方向按壓，疏通淋巴。重複進行5次。

兩手的拇指指腹放在鎖骨下方的胸口肌肉處，以畫弧的方式稍微用力按摩，消解肌肉僵硬。重複進行5次。

從胸口肌肉往肩膀方向按摩，消除肌肉的僵硬感。左右各重複進行5次。

女性可維持秀髮光澤，男性也可預防掉髮

頭髮稀疏或失去光澤時，按摩頭皮將可獲得很好的改善。荷荷芭油當中的蠟脂同時也是製造頭皮與頭髮的成分。整個頭皮均勻抹上荷荷芭油後加以按摩，可以讓頭髮恢復濃密與光澤，同時還能消除臉部浮腫的困擾。活化頭皮的血液循環，使養分得以順利地運送到此處，可以有效預防男性的掉髮問題，促進毛髮生長。

1

按兩下荷荷芭油，均勻塗抹於頭髮及整個頭皮上。

2

利用雙手指腹，從額頭的髮際線按摩到後腦勺。按摩時力道稍微強一些，指尖出力，讓僵硬的頭皮放鬆。

3

全頭按摩過之後，再按壓頭頂的百會穴，就可結束按摩。

按摩手臂的淋巴消除水腫

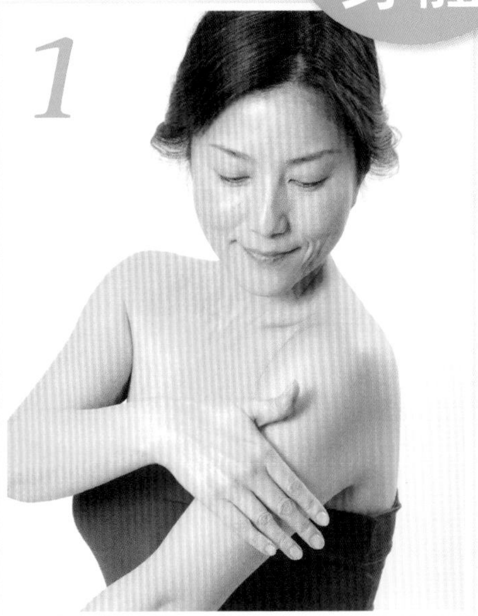

從上臂到腋下處均勻地抹上荷荷芭油。以四指強力按壓揉捏上臂，讓肌肉放鬆。

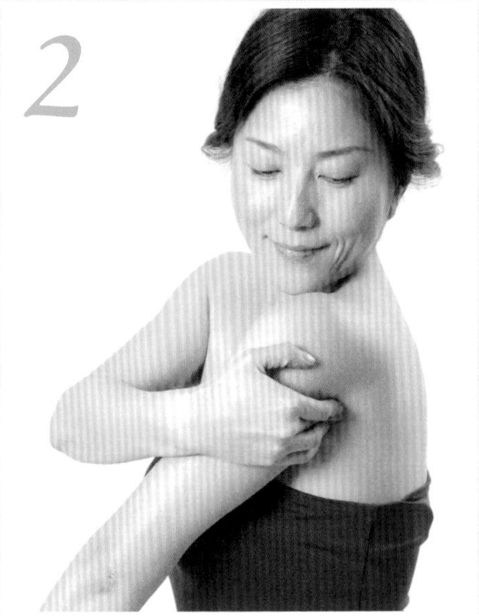

以四指的力量緊捏抓揉上臂。

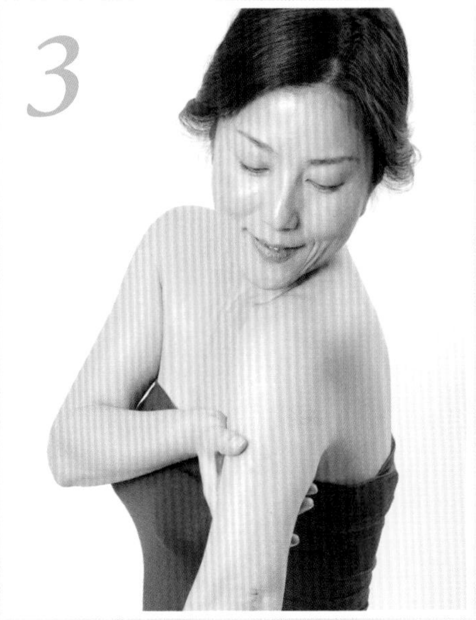

以擰毛巾的方式捏擰上臂，幫助淋巴順暢流通。

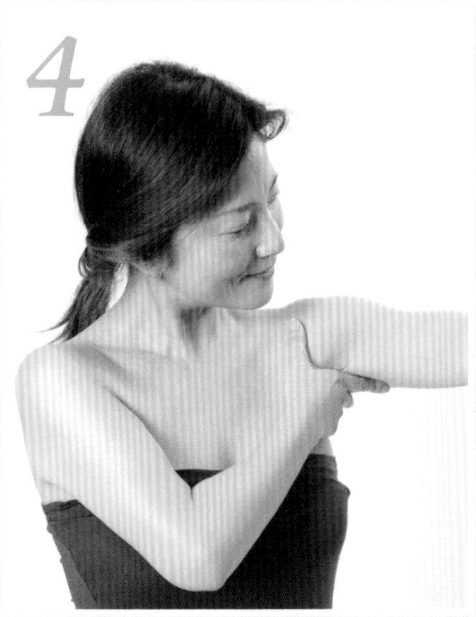

最後朝自己的方向滑推上臂，想像淋巴順勢回流到腋下。動作1～4左右各進行3次。

讓腿形更完美的大腿按摩！

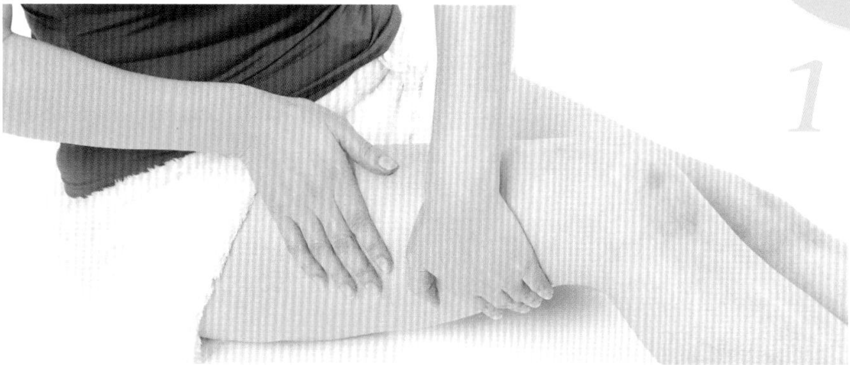

壓兩下荷荷芭油，均匀塗抹於大腿上。以左右手各自朝大腿內、外側施力扭轉的方式推拿靠近膝蓋的部分。一共進行3次。

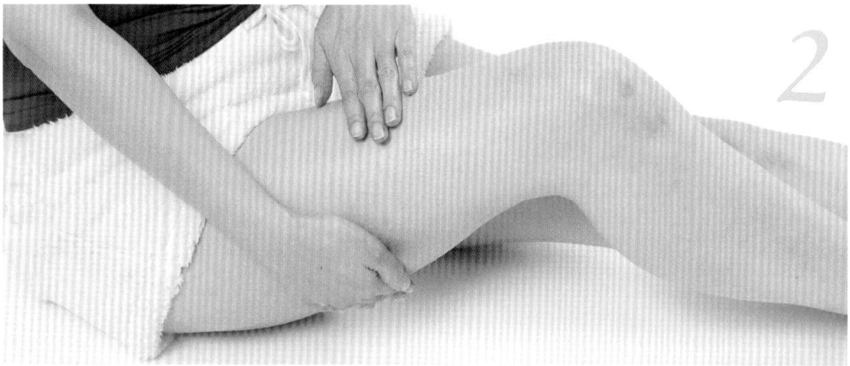

以相同的按摩手法，慢慢由下而上移動推拿的位置。

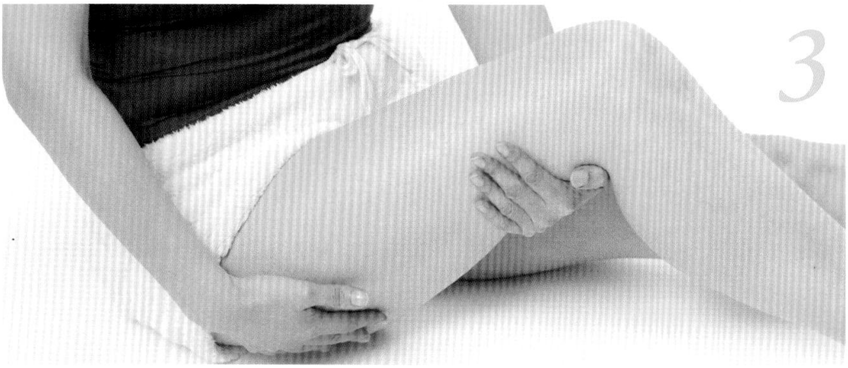

手慢慢從膝蓋內側往大腿根部滑動。滑推數次，幫助淋巴順暢地流通。最後以四指抓捏大腿根部加以刺激，效果更好。

Part 3

搭配其他護膚油，創造自己專屬的護膚油

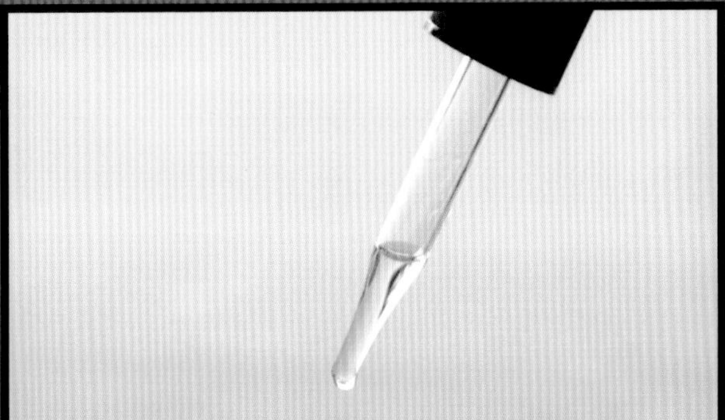

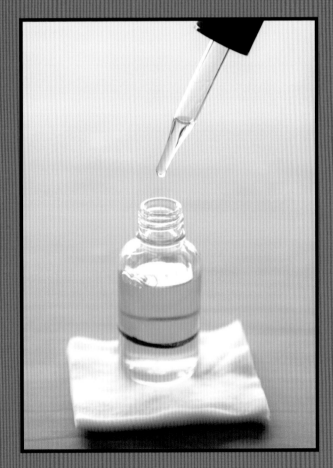

以荷荷芭油混合其他油脂時，可以9:1的比例調製1個月左右的分量，裝在不透光的瓶子裡，置於陰涼處保存。

荷荷芭油 + 阿甘油 Argan Oil

兩強相輔相成的抗老化利器
同時還能保濕與強化皮膚

素有「摩洛哥黃金」之稱、十分稀少的阿甘油(Argane oil)，含有豐富的脂溶性維他命與植化素。尤其是維他命E與能夠消除水腫的γ－生育酚，含量更是高。由於它的抗氧化效果非常優秀，特別適合用於抗老化。同時還具有保濕與強化皮膚的屏障功能、促進皮脂分泌等等功效，與荷荷芭油相輔相成，更能達到理想的護膚效果。

阿甘油本身非常容易氧化，但混合了荷荷芭油之後可以保存1個月左右，大可放心地用來護膚。

荷荷芭油 + 巴西莓油 Acai Oil

身為「完全食物」的神奇果實
其養分具有美肌功效

巴西莓是眾所皆知的超級食物，它的油脂含有阿甘油2倍的植物固醇，維他命E是橄欖油的5倍以上，多酚更是紅酒的30倍……，光是油脂也具有驚人的美容效果。它能夠保濕、抑制皮脂分泌，改善皺紋、鬆弛的問題，而且具有美白效果，除了抗老化的功能，同時也是乾燥或油性肌膚者調整膚質狀況的最佳調合油。

巴西莓油含有豐富的脂溶性維他命與植化素，但因爲含有三酸甘油酯的關係，作爲單一用油很容易氧化，建議最好與荷荷芭油調合之後再使用。

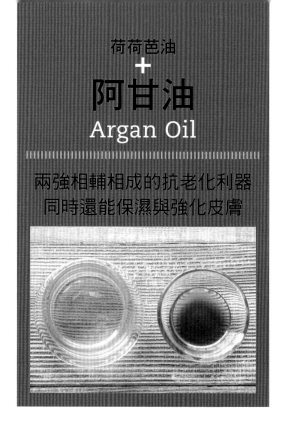

荷荷芭油
+
百香果油
Maracuja Oil

可促進毛髮生長、解決青春痘等各種問題

取自百香果種子的百香果油，幾百年來一直是亞馬遜地區原住民視爲珍寶的「醫藥品」，近年來更成了護膚油界的閃亮新星。它的消炎作用能夠有效解決青春痘等發炎症狀，還可促進毛髮生長，提升頭皮的活力等等，亦可改善年輕男女特有的肌膚或毛髮問題。

百香果油能夠促進皮脂分泌，最適合乾燥肌膚的人使用，還能改善皺紋、鬆弛等困擾。單獨使用的話推薦以口服的方式，但若是作爲護膚油，最安全的方法是與不容易氧化的荷荷芭油調和之後再使用。

荷荷芭油
+
蓖麻子油
Castor Oil

具有超強療效的油脂 調和之後可以排毒

蓖麻子油是由印度的傳統醫學「阿育吠陀」(Ayurveda)而來，在歐美又有「基督之手掌」的稱呼，藥效相當強。具有鎮痛、抗發炎的效果，傳統上多用來促進排便，也可作爲藥物使用。

也有一種民俗療法是利用能夠與人體的波動產生共鳴的蓖麻子油來活化小腸與淋巴的運作，藉以排出老廢物質與毒素。

以與荷荷芭油混合成的調合油按摩，可以達到一定的鎮痛、抗發炎、排毒、提升免疫力的效果。

荷荷芭油

+

石榴籽油

Pomegranate Oil

能夠消除皺紋、斑點、鬆弛
專為女性設計的護膚油

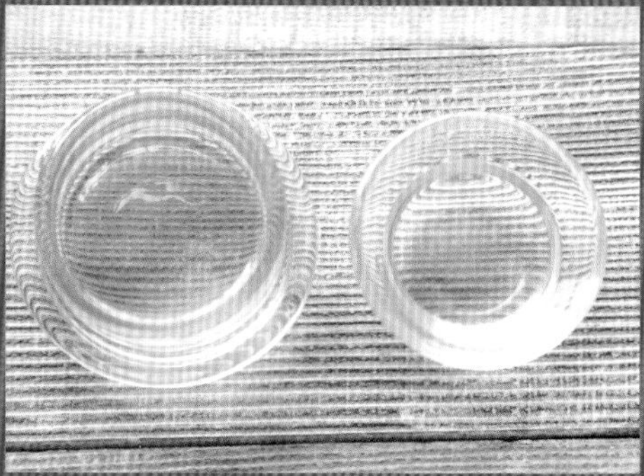

石榴籽油中又稱共軛脂肪酸的「石榴酸」含量高達70～80%。石榴酸是構成細胞膜的重要成分，在健康保健方面，它具有抑制脂肪的堆積、改善畏寒症狀、調整女性荷爾蒙維持平衡，緩和及預防更年期症狀等功效。

在美容方面，它可以促進膠原蛋白的生成、抑制自由基，幫助肌肉的再生及修復，除了保濕，還具有對付斑點、皺紋、鬆弛等等抗老化的護膚效果。但由於主成分是三酸甘油脂，與荷荷芭油混成調合油，就可以降低氧化的風險。

荷荷芭油

+

瑪乳拉果油

Marula Oil

含有豐富的多酚能夠美白、
促進毛髮生長

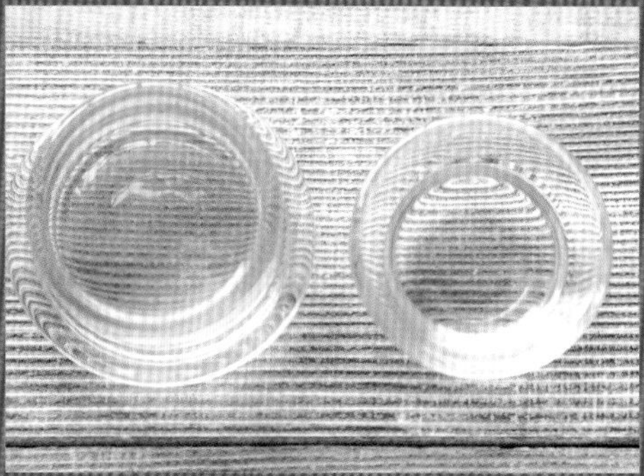

近年來，萃取自瑪乳拉(Marula)果實的瑪乳拉果油，已經成爲深受護膚業界矚目的護膚油。其含有豐富的維他命E、β-胡蘿蔔素與多酚等植化素，維他命C更是柑橘類的4倍之多，抗氧化力傲視群倫。

而成分中最受矚目的部分是稱爲原花青素(Proanthocyanidin)的多酚，具有抗組織胺、避免過敏、抗氧化等功效，可以活化免疫力、強化美容效果等等。此外，花青素還可以抑制黑色素的生成，因此也有美白與促進毛髮生長的作用。

荷荷芭油 + 澳洲胡桃油 Macadamia Nut Oil

棕櫚烯酸能夠解決肌膚的皺紋與鬆弛問題

澳洲胡桃油含有大量的不飽和脂肪酸「棕櫚烯酸」(Palmitoleic acid)，它可以進入全身甚至將養分運送到腦內血管，幫助血管變得更強韌，進而預防血管疾病與癌症，因此受到極大的關注。

除了保健功能，澳洲胡桃油在美容方面也有令人驚豔的極佳效果。年過30以後，肌膚內的棕櫚烯酸含量會逐漸減少，澳洲胡桃油具有改善皺紋、鬆弛等抗老化功效，同時還能保濕。由於棕櫚烯酸是「壬烯醛」這種老人味的成因，皮脂分泌較多的男性，最好依照自己的膚質選擇其他合適的護膚油。

荷荷芭油 + 米糠油 Rice Bran Oil

醫療藥品中也有使用的γ-穀維素，可預防肌膚粗糙、乾燥

米糠油中含有大量的植化素——γ-穀維素，具有緩解更年期症狀及不安、緊張、憂鬱等效果，自古即是醫藥品的原料之一。近年來，用於抗發炎與抗過敏及避免肌膚粗糙、乾燥的米糠油，也漸漸在化妝品與健康食品界嶄露頭角。

在美容方面，米糠油具有保濕功效，能夠保護肌膚的屏障層。與抗氧化力極高的荷荷芭油調合之後使用，不僅僅是臉部與頭髮，就連身體也可以用它來進行保養。

調合精油後既能護膚又兼具療癒效果

荷荷芭油也可以當成基礎油使用

荷荷芭油能夠留住水分與養分，不妨善用這個特性，再結合精油的效果，讓身體完整吸收。

量杯裡倒入10毫升荷荷芭油與1、2滴喜愛的任何精油，混勻之後取適量塗抹在肌膚上。剩下的調合油存放在遮光瓶內，置於陰涼處保存。

擔心會有過敏反應的話，可以事先做皮膚測試。洗完澡後在手臂塗上少量的調合油，只要24小時內沒有出現發癢或過敏症狀，就可以放心使用。精油除了本身具有的療效之外，芬芳的香氣更能有效地使人全身放鬆。搭配40～43頁的調合油，效果也不錯。

●薰衣草

又有「母親精油」之稱的薰衣草，是最具代表性的舒壓精油。能夠緩解疼痛，安定情緒，其抗發炎的效果也能有效改善青春痘的困擾。

●茶樹

這款精油乾淨清爽的香氣可以使人完全放鬆。茶樹的抗菌效果極強，而且可以抑制皮脂分泌，改善青春痘、粉刺、頭皮屑、掉髮等因為皮脂過剩所產生的問題。

●絲柏

深深吸一口絲柏(Cupressus)，感覺彷彿置身於針葉樹林中。絲柏大多用於男性化妝品或香水，它能夠使肌膚變得緊致，改善水腫問題。

●馬郁蘭

馬郁蘭(Marjoram)一字源自於拉丁語「更長」這個字，因此有「長壽油」之稱，具有極佳的維持神經與身體保持平衡的作用，對於副交感神經的作用尤其強烈，可以有效地鎮定神經。

Part 4

荷荷芭油＋瑜伽
有助於消除女性的
諸多困擾與身體不適

荷荷芭油＋瑜伽，有助於消除女性的諸多困擾與身體不適

荷荷芭油能夠加強伸展的深度

不少女性都有畏寒、水腫等等不適症狀的困擾。隨著年紀增長，女性的肌肉逐漸衰弱，基礎代謝力沒有以前好，荷爾蒙失調，因而開始出現各種不舒服的症狀。

雖然還不至於到生病的程度，但總覺得渾身不對勁，身體也冷冷的，這時候不妨做做瑜伽吧。隨著深呼吸一邊進行全身性運動的瑜伽，可以促進血液循環，活化身體的新陳代謝，是消除畏寒、水腫等症狀的最好選擇。

做瑜伽之前，不妨先全身塗上荷荷芭油，肌膚柔潤，關節變得更柔軟，進行瑜伽運動時，也能夠獲得更深度的伸展。

運動結束後洗完澡，可以再用荷荷芭油按摩，消除肌肉疲勞、鎮定神經，讓荷荷芭油幫助身心得到完全的舒緩。

做瑜伽之前不妨全身先塗上荷荷芭油，並且在骨頭、關節、肌肉等經常運動的部位刻意加強按摩。荷荷芭油的滲透力強，一下子就被肌膚吸收，不會有黏滑的感覺。做完瑜伽之後，洗完澡塗上荷荷芭油進行全身保養，可以幫助身體緩解疲勞，讓亢奮的神經恢復平靜。

「惱人的水腫不見了」

女性最常見的困擾就是因體寒或血液循環不良引起的水腫。血液循環不順暢，下半身或臉就容易浮腫。生理期前的水腫，則是因為荷爾蒙失衡所造成。缺乏運動造成肌力不足，進而使得基礎代謝力下降，新陳代謝連帶變得遲緩，這也是身體出現水腫的原因之一。

瑜伽運動能夠促進血液循環，提升基礎代謝力，幫助你消除水腫的困擾。

●大樹式

①從山式(雙腳併攏、腳底平貼在地，身體維持平衡。腹部與大腿縮緊，背部伸直)開始，身體重心稍微落在左腳，彎曲右膝、將腳跟靠在左腳上。②靠在骨盆兩側的雙手往上舉，於頭頂處雙手合十。③呼吸5次，最後一次吐氣的同時讓姿勢回到山式。左右各進行一次。

基本
視線保持放鬆，將焦點集中於一點上

進階
狀況允許的話，可以將腳尖抵在大腿根部

●鷹式

①採取坐姿，雙腳伸直。②彎起左膝，以腰帶或毛巾勾住腳底，雙手抓緊腰帶或毛巾，腳踩直。③骨盆打直，脊椎伸直。④吸氣的同時左腳慢慢抬高，在能力所及的地方停住，呼吸5次。⑤慢慢將腳放回原處。左右腳的做法相同。

進階
可以的話，以雙手抓住腳底的方式進行相同的動作

基本
讓腳停留在能力所及的高度，不需勉強

「溫熱冰冷的手腳」

畏寒是許多女性共同的困擾。貧血、低血壓、荷爾蒙失調等等都會造成血液停滯不動。一旦覺得冷，血液會集中到臟器等身體的中心部位，以維持體溫。如此一來，手腳得不到充分的血液，就會覺得「冰冷」。瑜伽在運動的同時進行深呼吸，基本上有助於促進血液循環。以下介紹的兩種瑜伽姿勢，特別推薦給大家。

●牛臉式

①採取正坐，接著讓右臀貼地。②將右膝跨放於左膝上。③左手從上方、右手從下方於背後相接。④吸氣的同時將背脊伸直。⑤保持姿勢不動，呼吸5次。⑥慢慢回復到原本的姿勢。左右各進行一次。

髖關節或膝蓋感到疼痛的話，可以在臀部底下墊一條捲起來的毛巾。

雙手若無法相接，可以利用腰帶或毛巾輔助。

●仰姿英雄式

①採取正坐姿勢，腳往兩側張開至腳跟靠近坐骨的位置。②雙膝緊靠，雙手放在雙腳外側靠近後方處，慢慢將前臂平貼地面。③手肘往後放，身體貼地呈仰躺姿勢。④尾椎往下靠，背部放鬆。⑤保持姿勢呼吸5次(膝蓋、腰部、腳踝等有問題的人請避免做這個運動)。※身體下方可以墊毛巾，做起來更輕鬆舒適。

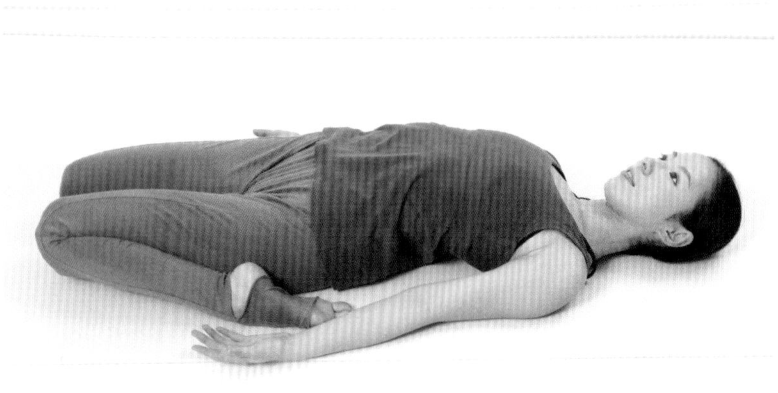

「提升代謝力！打造結實好身材」

年紀漸增，身體也更容易發胖了，基礎代謝力下降是原因之一。因為肌肉隨著年紀逐漸衰弱，基礎代謝力也隨之降低的關係。控制飲食的減肥方式在減掉脂肪的同時也減掉了肌肉，於是基礎代謝也跟著減少了。而這也正是迅速復胖的主要原因。利用全身都能夠運動到的瑜伽來提升代謝力，將身材雕塑出結實修長的美麗線條吧！

●三日月式

①採取正坐，立起右膝。②吐氣的同時將上半身往前傾、左腳向後拉，讓膝蓋與腳背平貼在地。③吸氣，挺起上身，雙手從左右舉至頭頂處合掌。④維持姿勢不動，呼吸5次。左右邊的做法相同。

以不勉強的程度將
指尖伸向天花板

可以的話，將上半身往後仰

●身軀扭轉後伸展體側

①雙腳張開，右腳腳尖90度朝外、左腳稍微朝向內側。②左膝貼地。③吐氣的同時將左膝移動到右膝外側。④合掌，扭轉身軀，手肘往腳的方向下壓。⑤保持姿勢不動，呼吸5次。左右邊的做法相同。

可以的話，讓原本
貼地的膝蓋離地
並抬高腳跟

扭轉身體可以刺激腸胃蠕動，
還能改善便祕問題

凸起的鮪魚肚不見了

應該沒有人不在意肚子上的贅肉吧？控制肉類的減肥方式的確能夠在臉與腳看出明顯的效果，卻無法讓鮪魚肚消失。腹部的贅肉很容易就看得出來，還會影響穿著的外觀線條……快來做能夠消滅鮪魚肚的瑜伽運動，讓贅肉變成結實的肌肉吧。除了能夠使身體線條顯得更年輕，也有助於維持正確的儀態。

●船式

①採取抱膝坐姿，以腰帶或毛巾勾住腳底，雙手抓緊。②雙腳抬高離地至與地面平行。③膝蓋到腳踝處完全伸直。④保持姿勢不動，呼吸5次。

進階

可以的話，進行時不要使用腰帶等輔助工具

基本

深呼吸，將注意力集中在腹部的肌肉上

●鱷魚式

①仰躺，舉起右膝跨放在左腳上。②左手壓住右膝，吐氣的同時將上半身往左轉，膝蓋貼地。③吐氣，上半身向右扭轉，右臂伸直。可以的話臉也轉向右邊，保持姿勢不動，呼吸5次。左右邊的做法相同。

「練出結實的小蠻腰！曲線玲瓏的美人」

每個女性都憧憬擁有結實的小蠻腰。瘦下來了卻沒有明顯的腰身，就失去了女人味。瑜伽運動可以提高身體的柔軟度，讓肌肉結實的同時又能雕塑女性化的身體線條。運動時配合深呼吸，能夠更有效地燃燒腰部的脂肪。體內循環變好，也有助於排出身體的老廢物質。

●轉頭側彎

①採取坐姿，雙腳張開。②彎曲左膝，腳跟抵住左大腿的根部。③左手臂伸直，吐氣的同時將上半身往右邊倒。④以不勉強的程度維持姿勢不動，呼吸5次。左右邊的做法相同。

以不勉強的程度伸
展體側

●門式

①立起膝蓋。②右腳沿著左膝的平行線往右邊伸直。③左手靠在耳朵旁，吐氣的同時將上半身往右邊倒。④保持姿勢不動，呼吸5次。左右邊的做法相同(膝蓋覺得痛的話，可以坐在椅子上，只做彎曲上半身的動作)。

注意左腰不要跟著
往後傾

「和緩的呼吸 讓身體放鬆」

瑜伽不僅有瘦身的效果，隨著深呼吸一邊進行各種動作，可以讓身心獲得放鬆。運動身體時一邊配合呼吸，能夠擴大身體的可動範圍。做扭體動作時也是如此，一邊調整呼吸，會比閉氣時扭轉得更徹底。此外，深呼吸可以消除腦內的壓力，提高集中力。瑜伽與其他運動最大的不同，就在於「呼吸」。

●貓式

①四肢著地，兩膝置於腰部的正下方，手腕、手肘、肩膀與地面呈直角。②吐氣的同時將背脊往上拱起。頭部朝向地面，呼吸5次(下)。③吸氣，將頭抬起伸展胸膛，維持姿勢呼吸5次(右)。②與③請重複進行5次，吐氣之後結束。

注意下巴不要
抵住胸口

●嬰兒式

①趴跪在地板上，雙腳的拇指相靠，臀部坐在腳跟上，兩膝打開約與腰部同寬。②吐氣的同時將上半身拉回到大腿間。③ 雙手掌心朝上，張開與身體平行。接著如照片所示，將掌心朝下伸展，平貼於地板上。維持姿勢約30秒～數分鐘。

這是休息的姿勢，做瑜
伽的過程中如果累了，
可以做這個動作

Part 5

荷荷芭油讓我們
變得更漂亮了

file:1

長年的青春痘與肌膚乾燥困擾，半年之後統統消失了。乾癢、皮屑也不見了

——前川真帆美（24歲．舞者）

搔癢問題十分嚴重，甚至惡化到臉部不斷脫屑

我的皮膚原本就不是很好，高中的時候經常爲了青春痘、皮膚乾燥、黑眼圈等問題苦惱不已。額頭老是油油亮亮，嘴唇周圍與兩頰卻非常乾燥。冬季時乾癢更是嚴重，臉部不斷脫屑，眞的好煩惱。

上學時我會隨身攜帶乳液並經常塗抹，但沒多久就又開始覺得乾癢。我都盡量挑選質地清爽的化妝水與乳液，只是似乎沒什麼效果。

我也去過醫院求診，服用治療青春痘的藥。這種藥的乾燥肌膚效果非常強，吃了之後皮膚變得太乾燥，結果青春痘反而更嚴重。家人也說我「皮膚看起來好粗糙哦」，我眞心覺得再這樣下去不是辦法。

一天3次，洗完臉後擦上荷芭油

荷荷芭油是友人的母親介紹我使用的。友人的媽媽說，使用半年以後，肌膚乾燥的問題不見了，於是我也馬上試用看看。那是二〇一四年4月的事情。

試用的當下立刻就感受到它的好。完全不會有油膩感，荷荷芭油瞬間就被肌膚吸收，感覺很舒服，我的心一下子就被它擄獲了。

因為使用荷荷芭油而擁有美麗肌膚的前川小姐。「希望自己即使到了60、70歲，肌膚依舊美麗動人！」

荷荷芭油是我的第一瓶護膚油，之後我也曾經嘗試過其他各種護膚油，但只有荷荷芭油能夠讓我的肌膚一直保持柔嫩光滑。也因爲有了比較，對於荷荷芭油優秀的吸收力，我更是佩服得五體投地。

早上洗完臉以及晚上洗完澡，加上舞蹈練習結束洗臉之後，這3種時候我都會使用荷荷芭油護膚。使用的方法是洗完臉後輕輕拍些化妝水，在掌心按壓一下荷荷芭油，輕輕按摩全臉及頸部約3分鐘，最後利用手上殘餘的荷荷芭油滋潤整頭頭髮。冬天時偶爾也會特別多按壓一次荷荷芭油，加強護髮。

「荷荷芭油的吸收力超級好，一塗上去馬上就感覺到：『哇，滲入肌膚裡了！』」

肌膚狀況極佳！上妝十分服貼，鼻頭粉刺也消失了

開始使用之後半年，某一天，突然覺得自己的皮膚好滑潤。朋友們也都說我「最近肌膚看起來好漂亮，好像也變得更白皙了耶」，我這才相信自己的皮膚眞的變好了。進入秋天，我心想皮膚大概又要開始乾燥發癢了，但完全沒有任何症狀出現。尤其是我的臉及手心，即使到了冬天，依舊是柔軟滑潤。長這麼大以來，這是我第一個不再覺得自己乾巴巴的冬天。

以前，當我身體狀況不太好的時候，也會長青春痘。自從使用荷荷芭油之後，這種情況似乎不再像以前那麼頻繁出現，而且也不再那麼容易冒痘痘了。

黑眼圈也因爲經常按摩的關係，顏色變淡且不再那麼明顯。頭髮也出現了亮麗的光澤。

啊，我去朋友家住的時候，曾經推薦友人試試看荷荷芭油。結果隔天早上友人一照鏡子，驚訝地說：「皮膚變得好有彈性！」

現在我的肌膚狀況非常好，不需要再煩惱乾燥及青春痘的問題，甚至我曾經很在意的鼻頭粉刺也鮮少出現。皮膚不再乾癢脫屑，化妝之後妝容也十分服貼。

除了荷荷芭油，我對食用油也有相當大的興趣，所以嘗試了橄欖油、芝麻油、亞麻仁油等等。此外，我非常重視充實的睡眠，經常吃高麗菜，也常常泡澡，努力維持這3個好習慣。我的肌膚變美了，畏寒的症狀也幾乎不再出現。

file:2

3個月之後，抬頭紋開始轉淡。肌膚乾燥與斑點也不再出現，變得透明有光澤

──地曳直子（40歲・自營業者）

使用10萬日圓的高價保養品依然不見效果……

肌膚乾燥、皺紋、斑點，爲我消滅這三大煩惱的正是荷荷芭油。

地曳小姐說：「抹上荷荷芭油後肌膚出現透明感，覺得很水潤。」

從小我就是個乾燥肌膚的人，不僅是臉部，全身的皮膚都很乾燥。可能是因爲乾燥，我的臉很容易受傷，經常覺得刺痛。

斑點是從二十多歲之後開始變得明顯。20歲時曾經參加大學的團體研習活動，在伊豆的海邊待了一個月左右。我想可能是因爲整天曝曬於強烈的陽光下，卻完全沒有做任何保養工作的關係吧，經過將近10年，後果才顯現在皮膚上。

皺紋是3年前出現的。一開始是淡淡的抬頭紋，接著法令紋也越來越清晰。心想這樣下去可不得了，於是花了10萬多日幣買下高級保養組來使用，很認眞地進行保養。因爲是在美容沙龍買的，可以免費按摩，只是按了1年下來，卻看不出有任何的改善。而且我的皺紋變得更深，肌膚紋理也變得亂七八糟。因爲不見成效，便不再繼續使用了。

之後我自己努力做功課，試著將精油混入化妝水、乳液內，調製適合自己膚質的化妝水。使用之後，乾燥的情況與斑點多少有點改善了。但我並沒有因此滿足，還是經常摸索是否有更好的

解決方法。

那時候，有位熟人介紹我荷荷芭油，說使用荷荷芭油之後皺紋變淡了。我對油脂原本就頗有興趣，於是趕緊試用看看。當時是二〇一四年的秋天。

使用自行調配、適合自己膚質的荷荷芭調合油

荷荷芭油使用起來超乎想像地滋潤又清爽，非常好用、深得我心。我可以實際感受到塗上以後馬上就被皮膚吸收，內心有種預感，這種油應該很有效。爲了提升荷荷芭油的效果，我不再單獨使用，而是混合各種其他的油脂再使用。

冬天的時候，基本上我會使用荷荷芭油＋米糠油，接下來的季節則是調合阿甘油或澳洲胡桃油。荷荷芭油與其他的油脂調和，比例大概是9比1。每天早晚洗完臉，拍上化妝水與乳液之後，擠出1元大小的自製荷荷芭調合油，輕輕抹在臉上並按摩大約1分鐘。

開始使用之後的隔天早晨，把手放在臉上時，驚覺：「哇，臉好濕潤唷」，開心得跳起來。以前，洗完臉後如果不馬上抹乳液，皮膚很快就覺得乾燥。如今，即使洗完臉後忘了塗荷荷芭油，臉也不會覺得乾巴巴的。

3個月左右，額頭上的皺紋開始轉淡，紋路也慢慢變淺了。沒想到短短的3個月就能有這樣的效果，實在太驚人了。

等我注意到斑點時，才發現它的顏色也變淡了。大概過了1年之後，斑點已經變得幾乎要看不見了。也許是因爲皮膚開始出現光澤吧，上妝非常服貼，肌膚也有了透明感。

我很在意頭髮髮尾太乾的問題，因此會在髮尾的部分抹上荷荷芭油，久而久之，頭髮也變得非常聽話好整理。手掌上殘留的油就順手抹在胸口處，也許是有防曬的效果吧，皮膚並沒有曬黑。冬天時，我會在膝蓋到腳踝處塗抹荷荷芭油。

現在我的肌膚狀況非常令人滿意。斑點不再增加，除了法令紋以外沒有任何肌膚問題。從今以後我會持續使用荷荷芭油！

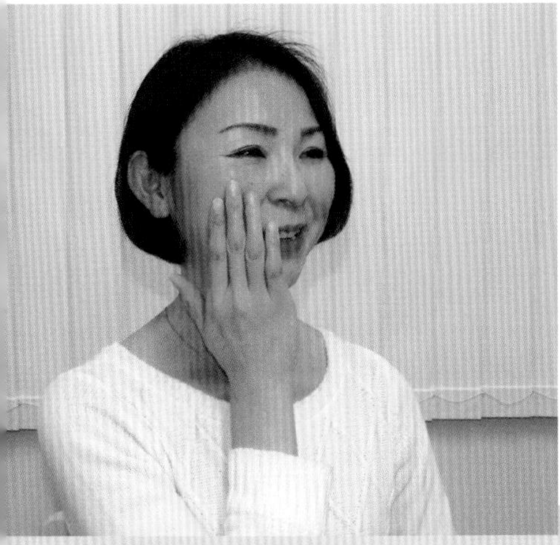

斑點變得越來越淡。很認真地吃米糠，希望能夠調整腸道的環境。

file:3

魚尾紋變得不明顯、肌膚不再乾燥，不用擔心素顏見人。皮膚從來不曾這麼好過！

—— AIZAWA AYUMI（50歲・自營業者）

皮膚變得好細緻，光澤也出現了

在我40歲生下第三胎之後，臉上的皺紋變得比以往明顯了。尤其是魚尾紋及抬頭紋，最令我煩惱。前一陣子感覺皮膚有些乾燥，我想可能是因爲這個原因，才讓皺紋如此明顯吧。而且上妝也不再那麼服貼了。

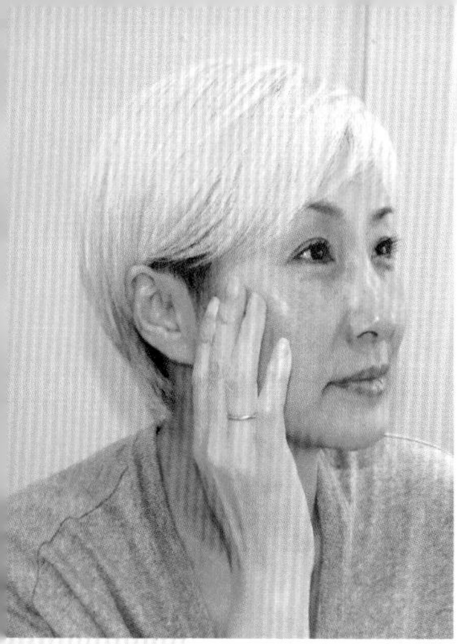

魚尾紋變淡，紋路與深度沒有增加，重新恢復10年前的美麗肌膚。

我從事美髮業，經常有機會接觸各家廠商的保養品，於是便挑幾個試用看看。天然材質的產品對肌膚很溫和，卻沒什麼效果；化學製品一開始效果很不錯，但很快就發覺只是暫時，明知會傷害皮膚，卻還是持續使用，內心充滿罪惡感。

5年前，廠商送我的試用品當中有荷荷芭油，我便拿來試用。它的肌膚滲透力比其他化妝水更好，可以感覺到它一直停留在肌膚中。也許是分子很細小吧，塗上厚厚一層卻沒有黏膩厚重的感覺，十分清爽。自從使用荷荷芭油之後，我就不需要再上粉底了。

一天2次，早上和晚上以荷荷芭油保養臉部及頭髮，夏天時取大約是半枚1元銅板的大小，冬季則是3枚1元的程度。冬天時會使用多一點，加強保養手臂、腳、膝蓋與手肘。半年之後，可以明顯感覺到皮膚變得有如果凍般Q彈。乾燥的感覺不見了，魚尾紋與抬頭紋也轉淡。皺紋不再增加，紋路也沒有繼續加深！膚質變得細緻甚至出現光澤，臉上的皺紋也不明顯了。

我的肌膚狀況從來不曾這麼好過。讓肌膚重拾青春的荷荷芭油，已經是我不可或缺的必需品。

「雖然我染成了金髮，受損的髮質因為荷荷芭油的填補修復，頭髮也維持著相當好的狀態。」

file:4

解決了肌膚乾燥與皺紋問題。彩妝服貼不脫妝，17年來肌膚一直維持在健康狀態

——太田多惠子（69歲・主婦）

在電視台擔任秘書的太田小姐，亮麗的膚質完全看不出來已經69歲。

塗上之後馬上可以感受到它的保濕效果

年輕時，我並沒有什麼肌膚方面的困擾。我的膚色本來就偏黑，和一群孩子們上山下海到處玩從不曾擦過防曬油，曬得像個小黑人也不在意。

年過40以後的某個夜晚，我發覺皮膚似乎鬆弛了，也慢慢出現少許明顯的斑點。或許是我開始打高爾夫球的關係吧！

我知道這是要爲以往的疏忽所付出的代價，但我頂多只是洗澡或洗臉後擦點天然材質的化妝水，狀況幾乎沒什麼改善。試過好幾種無添加物的化妝水，效果差異也不大。

17年前，住附近的熟人推薦給我荷荷芭油，於是便試用看看。畢竟是油脂類，原以爲會很黏膩，結果完全不會，實在太令人驚訝了！

我心想這東西眞是太棒了，每天早晚洗臉後，我會取大約2枚1元日幣大小的分量，在臉上輕輕按摩，手上殘留的的荷荷芭油就用來保養頸部等。一塗上去，馬上就感受到肌膚獲得了滋潤。

使用不到1個月，我的皮膚粗糙感慢慢不見了，變得水水嫩嫩，也更容易上妝，斑點不再那麼明顯。

到了這個年紀，我一直認爲「肌膚的健康」遠比美容還重要，沒想到荷荷芭油竟然還有延緩肌膚老化的功效呢！

如今，我的肌膚狀況依舊非常好，不乾不燥，肌理也十分細緻。今後，只要維持充足的睡眠、避免累積壓力，再加上使用荷荷芭油，我的膚質能夠一直保持目前這種極佳的狀態吧！

嚴選！堅持品質的荷荷芭調合油

Best 7

這裡要為大家介紹從為數眾多的荷荷芭油產品中精挑細選的「荷荷芭調合油」。這 7 款不但適用於臉部與頭髮，全身也可以使用，都是非常優秀的產品。

Beauty Oil

在荷荷芭油中添加了毛瑞櫚果實(Mauritia flexuosa fruit)榨取的毛瑞櫚果油，十分珍貴。

30 毫升　11,000 日圓＋稅
洽詢處　rms beauty
http://www.rmsbeauty.jp

Premium Jojoba Oil

取自亞利桑那大地無農藥種植的「KEIKO種」之初榨荷荷芭油。

40 毫升　5,200 日圓＋稅
洽詢處　SUNaturals
http://www.sunaturals.co.jp

Circulate Oil

含有萃取自月桃的根、莖、葉精華，全身皆可使用護膚按摩油。

60 毫升　6,800 日圓＋稅
洽詢處　MOON PEACH
http://www.rethera.co.jp

Jojoba Oil

利用冷壓法萃取而成。有助於留住水分，臉部、身體皆可使用。

50 毫升　2,800 日圓＋稅
洽詢處　Neal's Yard Remedies
http://www.nealsyard.co.jp

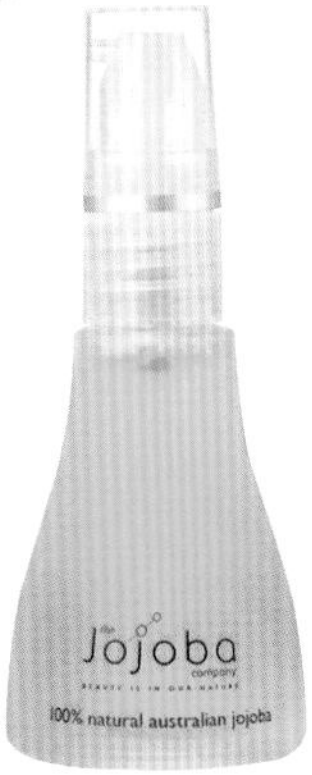

Golden Oil

栽種於澳洲的自營農園。可對抗紫外線！頭髮也會變得更好整理。

30 毫升　1,600 日圓＋稅
洽詢處　友藤商事
TEL：078-242-3120

Bio Oil Jojoba Oil

產自亞利桑那的精選高品質護膚油。特別適合膚質嚴重乾燥的人。

50 毫升　3,200 日圓＋稅
洽詢處　Melvita Japon
http://jp.melvita.com

OF Jojoba Oil

以能夠榨取出荷荷芭的高品質與最佳效果的「分子蒸餾法」萃取而成的優質荷荷芭油。

32 毫升　4,800 日圓＋稅
洽詢處　Of cosmetics
http://www.ofcosmetics.co.jp

想要了解更多關於荷荷芭油的Q&A

爲你解答所有關於荷荷芭油最直接的疑問！

Q1 我很擔心油曬問題。請問會引發油曬現象嗎？

不同於一般的護膚油，荷荷芭油的主要成分是皮膚中原本就含有20～30%的「蠟脂」。而且它具有大量的天然維他命E，在370°C的環境下放置4天也不會氧化，穩定性極高，即使是白天使用，也不會引發油曬現象的問題。此外，荷荷芭油還能預防紫外線引起的皮膚乾燥，避免水分蒸發，讓肌膚保持濕潤。

Q2 可以與目前使用中的護膚產品併用嗎？

荷荷芭油的功能是為肌膚打造強健的基底。它能在肌膚最外側的角質層發揮作用，使硬又厚的角質變得蓬鬆柔軟。如此一來，塗上美容產品或保養乳霜後，就能幫助皮膚留住並吸收當中的有效成分。

許多市售保養品的基礎成分都是荷荷芭油。它與其他護膚品的親和力高，大可放心使用。

Q3 長青春痘或油性肌膚的人也能使用嗎？

長青春痘或粉刺是因為角質層失衡的關係。並非是皮脂過剩，而是因為皮脂分泌不平衡，才會分泌過多的皮脂。塗抹荷荷芭油可以補充隨著年紀遞減的蠟脂，調整皮脂維持均衡。同時還能讓再生的節奏恢復正常，讓肌膚變得更健康。

正確的護膚方法是「以油制油」。而荷荷芭油正是最適合油性肌膚的護膚油。

Q4 色澤十分鮮黃，該不會是添加了色素吧？

A 荷荷芭種子經壓榨之後可以取得黃色的荷荷芭油。換句話說，荷荷芭油的黃顏色，正是天然榨取的最好證明。

無色透明的荷荷芭油主要是作為化妝品的基底原料，這是為了避免影響成品的顏色，才會事先加以脫色。

原始的荷荷芭油含有豐富的維他命E，因此會呈現彷彿黃金般的美麗黃色。

Q5 請告訴我荷荷芭油的使用期限。

A 荷荷芭油的抗氧化能力非常強，沒有任何添加物，可以放心使用。未開封可保存3年，開封後為了避免雜質混入，最好在1年之內使用完畢。

荷荷芭油請放置在避免陽光直射、陰涼的地方保存。保存環境低於10度時有可能凝固，但不會影響品質。放在常溫下一會兒，恢復成液體後，就可以使用了。趕時間的話也可以整瓶浸泡在溫水中，馬上就恢復液態。

Q6 使用之後會出現什麼樣的變化？

A 荷荷芭油的主要成分「蠟脂」是製造皮膚、頭髮、指甲的原料，只是分泌量會隨著年紀增長而減少。

為肌膚擦上荷荷芭油，將可重拾彈性、光澤、肌理、水潤、柔軟等五大要素均備的理想膚質。

此外，利用荷荷芭油為頭髮及頭皮按摩，可以讓髮質變得更有光澤、濃密與彈性，頭髮健康又美麗。

在這個世界上，唯有荷荷芭油能夠為我們補充與製造皮膚、頭髮相同成分的「蠟脂」。

生活良品73

高價保養品OUT!

逆轉肌齡的荷荷芭油

ホホバオイルできれいになる!

監　　修　一般社團法人 日本油脂美容協會
譯　　者　陳怡君
總 編 輯　張芳玲
主責編輯　林孟儒
版權編輯　林孟儒
美術設計　陳淑瑩

太雅出版社
TEL：(02)2882-0755｜FAX：(02)2882-1500
E-MAIL：taiya@morningstar.com.tw
郵政信箱：台北市郵政53-1291號信箱
太雅網址：http://www.taiya.morningstar.com.tw
購書網址：http://www.morningstar.com.tw
讀者專線：(04)2359-5819 分機230

出版者：太雅出版有限公司｜台北市11167劍潭路13號2樓｜行政院新聞局局版台業字第五〇〇四號｜法律顧問：陳思成律師｜印刷：上好印刷股份有限公司 TEL：(04)2315-0280｜裝訂：東宏製本有限公司 TEL：(04)2452-2977｜初版：西元2017年05月01日｜定價：240元｜(本書如有破損或缺頁，退換書請寄至：台中工業區30路1號 太雅出版倉儲部收)｜ISBN 978-986-336-168-8
Published by TAIYA Publishing Co.,Ltd.
Printed in Taiwan

Staff
裝訂、內文設計／谷由紀惠
採訪協助／片岡里惠（BORIS有限公司）
造型師／神野峰子
模特兒／小田原瑛子、並木亞妃
攝影／渡邊七奈
插畫／堀育代、紅鮭色子
瑜伽監修／Yoga Deli
校對／東京出版Service Center
編輯／加藤紳一郎（主婦之友社）

國家圖書館出版品預行編目(CIP)資料

高價保養品out！逆轉肌齡的荷荷芭油 / 一般社團法人日本油脂美容協會作；陳怡君翻譯. -- 初版. -- 臺北市：
太雅, 2017.06
面；　公分. -- (生活良品；73)
ISBN 978-986-336-168-8(平裝)

1.美容 2.健康法

425　　106002757